大模型驱动的游戏开发

王磊◎编著

人民邮电出版社

北京

图书在版编目（CIP）数据

大模型驱动的游戏开发 / 王磊编著. -- 北京：人
民邮电出版社，2025. -- ISBN 978-7-115-65474-8

Ⅰ. TP317.6

中国国家版本馆 CIP 数据核字第 2024KD3618 号

内 容 提 要

本书是一本探讨将大语言模型（简称大模型）技术应用于游戏开发的实用指南。本书共
10 章，主要内容如下：第 1 章介绍游戏开发的各个阶段，包括策划、美术、程序、音频设
计、测试和发布，并介绍大模型的特点及大模型技术在游戏中的应用；第 2 章深入探讨大模
型技术在游戏策划中的应用，如故事创作、任务和关卡设计、玩法创新与平衡性测试等，展
示如何利用大模型技术提升游戏内容的丰富性和玩家的个性化体验；第 3 章介绍大模型技术
在代码自动生成和修复、游戏 AI 设计、实时问题诊断与性能优化等方面的应用，为读者介
绍提高开发效率和游戏质量的策略；第 4 章介绍艺术资产自动生成、动画与特效设计、风格
一致性检查等内容，展示大模型技术在美术制作中的应用；第 5~7 章介绍大模型技术在游
戏测试、游戏客服与社区支持、营销内容生成与优化、数据分析等领域的应用，为游戏开发
者提供全面的技术支持和解决方案；第 8 章介绍大模型在游戏应用中面临的挑战和存在的局
限性；第 9 章展望大模型的未来；第 10 章是大模型在游戏开发中的应用综评。

本书是一本介绍如何有效利用大模型技术来提升游戏开发效率和产品质量的实用教程，
适合游戏开发者、游戏设计师，以及对游戏产业和 AI 技术感兴趣的读者阅读。

◆ 编　著　王　磊
　　责任编辑　张　涛
　　责任印制　王　郁　焦志炜

◆ 人民邮电出版社出版发行　北京市丰台区成寿寺路 11 号
　　邮编　100164　电子邮件　315@ptpress.com.cn
　　网址　https://www.ptpress.com.cn
　　临西县阅读时光印刷有限公司印刷

◆ 开本：700×1000　1/16
　　印张：12　　　　　　　　　　　2025 年 4 月第 1 版
　　字数：246 千字　　　　　　　2025 年 4 月河北第 1 次印刷

定价：79.80 元

读者服务热线：(010)81055410　印装质量热线：(010)81055316
反盗版热线：(010)81055315

前 言
PREFACE

近两年 AIGC（Artificial Intelligence Generated Content，人工智能生成内容）发展很快，AI（Artificial Intelligence，人工智能）可以通过海量的数据（如文本、图像、音频、视频等）生产出新的内容。一些比较流行的大模型，如 ChatGPT（文本生成文本）、Stable Diffusion（文本生成图像）等，已被人们广泛使用。

本书主要介绍大模型在游戏开发中的应用。第 1 章概述 AI 与游戏开发的知识。第 2 章介绍大模型在游戏策划中的应用。第 3 章介绍大模型在游戏程序开发中的应用。第 4 章介绍大模型在美术制作中的应用。第 5 章介绍大模型在游戏测试中的应用。第 6 章介绍大模型在游戏客服与社区支持中的应用。第 7 章介绍大模型对游戏运营等方面的支持。第 8 章介绍大模型在游戏应用中面临的挑战和存在的局限性。第 9 章展望大模型的未来。第 10 章综评大模型在游戏开发中的应用。

本书对大模型在游戏开发中的应用进行全面的探索，覆盖游戏开发的各个方面，让读者能够全面了解大模型的应用场景。

本书内容条理清晰、易于理解。读者可以跟随本书的思路，了解在游戏开发过程中，如何使用大模型来提高开发效率。

由于编者知识水平有限，书中难免有不妥之处，请读者指正。读者可以在 GitHub 网站的"onelei"用户下搜索"Game-AIGC-Book"关键词来查看与本书相关的源代码等，后续的勘误也会在该网站中进行记录。欢迎读者通过 936496193@qq.com 联系编者，读者也可以申请加入 QQ 群（QQ 群号为 489723482）参与讨论。本书的编辑联系邮箱为：zhangtao@ptpress.com.cn。

最后，非常感谢人民邮电出版社的编辑的细心指导，让本书得以顺利出版。

注：文中由 ChatGPT 生成的内容可能存在标点符号使用的准确性、一致性、规范性等问题，为了保持与 ChatGPT 原生内容的一致性，编者没有特别进行处理，特此说明。

王磊

目 录
CONTENTS

第 1 章

AI 与游戏开发概述

1.1 游戏开发概述

游戏开发是一个复杂而精细的过程，涉及多个工种和阶段。在游戏开发初期，制作人、策划，以及产品等团队通常会进行"头脑风暴"来确定游戏的主要特点和玩法机制。这也是制定游戏项目计划、预算和时间表的阶段。策划团队负责制定游戏的详细规则、关卡设计、角色设定、故事情节等。美术团队负责用户界面（User Interface，UI）和用户体验（User Experience，UX）的设计，以及游戏的视觉风格、角色造型、场景、动画等的设计，使用的工具包括 Adobe Photoshop、3ds Max、Maya 等。音频团队负责为游戏制作音效、音乐和配音等。这些音频元素对于营造游戏的氛围、提高游戏的交互性至关重要。程序团队使用编程语言（如 C++、C#、Python 等）和游戏引擎（如 Unity、Unreal Engine 等）来实现游戏的逻辑、功能。测试团队负责发现游戏中的漏洞、bug 和性能问题，并提出改进建议。优化团队对游戏的性能、稳定性等进行调整和改进。发布团队负责将游戏推向市场，这可能包括发布在各种平台 [如 PC（Personal Computer，个人计算机）、移动设备等] 和应用商店上。营销团队则负责制定和执行推广策略，包括宣传活动、社交媒体营销、广告等，以吸引玩家。游戏发布后，在游戏的维护和更新阶段，通常，整个团队需要持续关注游戏的运行状况，修复 bug、添加新功能和内容，以及与玩家互动并回应他们的反馈。

下面将重点介绍游戏开发流程，包括策划、美术、程序、音频设计、测试、发布等阶段。

1. 策划阶段

在游戏开发初期，策划是至关重要的。在策划阶段，游戏团队需要做市场调研，确定游戏的核心概念、玩法机制、故事情节、关卡设计等内容。策划阶段的主要工作如下。

■ 市场调研：分析目标受众喜好和市场趋势，确保游戏的设计与市场需求相符。

■ 确定概念：确定游戏的基本概念，包括游戏类型、目标受众、核心玩法等。

■ 撰写设计文档：撰写详细的设计文档，包括游戏流程、关卡设计、角色设定、音效等内容。

2. 美术阶段

美术是游戏开发中不可或缺的部分，它包括游戏的视觉表现和艺术风格等。美术阶段的主要工作如下。

- 概念设计：根据策划人员提供的设计文档，进行角色、场景、道具等元素的概念设计。

- 美术制作：包括角色造型设计、场景设计、动画设计、特效设计等。

- UI/UX 设计：设计游戏的 UI 和 UX，确保游戏操作流畅、易懂。

3. 程序阶段

程序是游戏的核心，负责实现游戏的各种功能和玩法机制。程序阶段的主要工作如下。

- 引擎选择：选择适合项目的游戏引擎，如 Unity、Unreal Engine 等。

- 编码实现：根据设计文档，实现游戏的各种功能，包括玩家控制、物理模拟、AI 行为设定等。

- 优化调试：对游戏进行性能优化和 bug 调试，确保游戏的流畅性和稳定性。

4. 音频设计阶段

音频在游戏中扮演着重要角色，它能够营造游戏的氛围、提高用户体验。音频设计阶段的主要工作如下。

- 音频制作：根据游戏的风格和情节，制作合适的背景音乐和音效。

- 音频引擎集成：将音频资源集成到游戏引擎中，实现音乐播放、音效触发等功能。

5. 测试阶段

测试是确保游戏质量的关键阶段，通过测试可以发现并修复游戏中的 bug 和问题。测试阶段的主要工作如下。

- 功能测试：测试游戏的各项功能是否能正常运行。

- 兼容性测试：测试游戏在不同平台和设备上的兼容性，确保游戏在各种环境下都能正常运行。

■ 性能测试：测试游戏的性能表现，包括帧率、加载速度、内存占用等。

6. 发布阶段

发布是游戏开发的最后阶段，它标志着游戏正式面向玩家推出。发布阶段的主要工作如下。

■ 发布准备：准备游戏的发布资料，包括营销宣传资料、应用商店资料、用户协议等。

■ 发布审核：提交游戏到应用商店进行审核，确保游戏符合相关政策和规定。

■ 发布推广：通过各种渠道进行游戏的宣传和推广，吸引玩家下载和体验游戏。

综上所述，游戏开发是一个团队合作的过程，需要各种技能和专业知识的融合。从策划到发布，每个阶段都需要仔细规划、协调和执行，游戏才能顺利推出。

1.2 大模型技术简介

大模型技术是深度学习的一个分支，它主要以神经网络为基础，通过增大模型的深度和参数规模，提高模型的表征能力和泛化能力。大模型通常需要庞大的数据集进行训练，并依赖于强大的计算资源来进行参数优化。大模型是利用大规模数据集进行训练的 AI 模型，其中较流行的就是由 OpenAI 推出的 GPT（Generative Pre-trained Transformer，生成式预训练转换器）系列模型。这些模型具有巨大的参数数量和良好的学习能力，能够在各种自然语言处理任务中取得惊人的表现。其中，GPT-4o 是一种先进的多模态模型，这里的"o"代表"全方位"。这种模型增强了对各种类型数据（包括文本、音频和图像等）的输入和输出的能力。大模型技术的出现极大地推动了自然语言处理和文本 / 图像生成领域的发展，并在许多应用领域展现出了巨大的潜力。大模型通过大规模的训练数据和复杂的算法，可以学习和理解自然语言、图像、音频等各种形式的信息，从而完成多种任务，如语言生成、图像识别、语音识别等。以 GPT 系列模型为代表的大模型，通过预训练和微调的方式，可以应用于各种自然语言处理任务。

大模型技术是近年来 AI 领域的一个重要发展方向，具有大规模的参数和复杂的结构，能够在多个领域展现其卓越的性能。其中，游戏是大模型技术的一个重要应用方向，大模型技术不仅在游戏体验的提升上发挥着重要作用，还推动了游戏内容生成、智能 NPC（None-Player Character，非玩家角色）设计等方面的创新。

1.2.1 大模型的特点

■ 参数规模大：大模型通常拥有数亿甚至数十亿的参数。

- 计算资源需求高：训练大模型需要大量的计算资源，包括 GPU（Graphics Processing Unit，图形处理单元）、TPU（Tensor Processing Unit，张量处理单元）等。

- 表征能力强：大模型能够学习到抽象和复杂的特征表示，从而提高模型的性能。

- 强大的计算能力：大模型利用分布式计算和并行处理技术，能够处理大规模数据和复杂的任务。

- 使用深度学习：大模型基于深度学习技术，能够从数据中学习并生成新的内容。

- 自然语言理解：大模型能够理解和生成自然语言，可以用于文本生成、对话系统等。

1.2.2 游戏中的大模型技术应用

在游戏领域，大模型技术被广泛应用于文案内容生成、游戏内容生成、代码生成、智能 NPC 设计、图形渲染优化、大模型辅助测试、智能客服等方面，可极大地丰富游戏的玩法。

1. 文案内容生成

文案内容生成包括游戏剧情生成、语言翻译和本地化等。

- 游戏剧情生成：大模型可以根据游戏开发者提供的角色设定和世界观等，生成游戏的主线剧情、支线任务等内容。这些内容可以帮助游戏开发者快速丰富游戏世界，提高游戏的趣味性。

- 语言翻译和本地化：大模型可以将文案内容翻译为不同语言，以满足国际市场的需求。大模型还可以将文案内容本地化，使其适应不同文化和地区的受众。

2. 游戏内容生成

游戏内容生成包括地图生成、任务生成等。

- 地图生成：大模型可以学习地图的特征和风格，生成各种风格的游戏地图，提高游戏的可玩性。

- 任务生成：基于大模型的任务生成系统，可以根据玩家的行为和喜好动态生成任务，提高游戏的可持续性和趣味性。

3. 代码生成、纠错和优化

大模型可以辅助代码生成、纠错和优化。

- 代码自动生成：在游戏开发中，可以利用大模型来自动生成部分代码，例如自动生成游戏逻辑、UI 的代码等。这有助于提高开发效率、减少手动编写代码的工作量。

- 代码纠错和优化：大模型可以用于检测游戏代码中的错误和潜在问题，并提供修复建议。此外，它还可以分析代码性能，并提供优化建议，帮助游戏开发者改进游戏的性能、提高稳定性。

4. 智能NPC设计

在一些角色扮演类游戏中，NPC 这种非玩家控制的角色，有其独特的行为，比如和玩家进行对话、让玩家做任务等。这时，就需要根据情境编写特定的文案。玩家每次选择的支线任务可能不同，需要根据当前任务编写剧情，这会大大增加文案编写的工作量，这时大模型技术就派上用场了。大模型可以做以下工作。

- 情感识别：基于大模型的情感识别系统，可以让 NPC 更加智能地理解玩家的情感状态，并做出更加贴近玩家需求的反应。

- 对话生成：大模型可以学习大量的对话数据，从而生成更加自然流畅的对话内容，提高游戏 NPC 的交互性和真实感。

5. 图形渲染优化

图形渲染优化包括超分辨率图像生成和光线追踪优化等。

- 超分辨率图像生成：大模型可以学习到图像的高层次特征，从而实现超分辨率图像生成，提高游戏画面的清晰度和细节表现力。

- 光线追踪优化：基于大模型的光线追踪算法，可以更加智能地估计光照效果和阴影效果，从而提高游戏画面的真实感和逼真度。

6. 大模型辅助测试

- 自动化测试：大模型可以用于自动化测试，通过对游戏进行大规模的测试来检测潜在的问题。自动化测试包括自动化测试脚本的编写，以及通过机器学习模型来发现游戏中的异常行为或 bug 等环节。

■ 游戏质量保证：大模型可以帮助游戏开发者提高游戏质量，通过模拟大量玩家行为和游戏场景来评估游戏的稳定性、性能和可玩性。这有助于提前发现并解决潜在的问题，确保游戏在发布前达到高质量标准。

7. 智能客服

智能客服包括对话系统和个性化服务等。

■ 对话系统：大模型可以用于构建更智能的对话系统，使游戏中的智能客服可以更好地理解玩家的问题和需求，并提供更准确、更自然的回复。这些对话系统可以使用预训练的模型来处理各种语言和语境。

■ 个性化服务：大模型可以分析玩家的行为和偏好，为他们提供个性化的游戏建议、解决方案和技术支持。通过分析大量的游戏数据，智能客服可以根据玩家的偏好，提供定制化的建议和帮助。

尽管大模型技术在游戏领域有着广泛的应用前景，但它也面临着一些挑战，比如计算资源的消耗、模型参数的调优等。未来，随着硬件技术的不断进步和算法的不断优化，大模型技术在游戏领域的应用前景将会更加广阔。

1.3 大模型应用的意义和目的

随着计算机技术的不断发展和硬件设备的日益强大，大模型技术已经成为游戏开发中的一项关键技术。本节将从多个角度探讨大模型技术在游戏领域中应用的意义和目的。

1. 游戏体验的提升

大模型技术可以帮助游戏开发者更好地模拟现实世界，从而提升玩家的游戏体验。通过使用大模型，游戏中的角色、场景和物体可以更加真实地呈现出来，使玩家的沉浸感更强。

2. 游戏内容的丰富化

大模型技术使游戏开发者能够创建更丰富和复杂的游戏内容。通过深度学习技术，游戏开发者可以生成逼真的角色动画、自然景观和音效，从而为玩家提供更加丰富多彩的游戏体验。

3. 游戏创意的拓展

大模型技术为游戏开发者提供了更多的创意。通过深度学习模型，游戏开发者可以自动生成游戏的世界观、游戏剧情、玩法创意等文本内容。游戏世界中的其他美术元素，如宣传海报、场景地形、建筑物和道具图标等，也可以通过大模型技术快速生成，从而加快游戏开发的速度，并且为玩家提供更加独特的游戏体验。

4. 游戏开发效率的提高

大模型技术可以帮助游戏开发者提高开发效率。传统的游戏开发过程需要大量的人力和时间来创建游戏内容，而大模型技术可以通过自动生成和自学习的方式，减少游戏开发者的工作量，从而缩短游戏开发周期并降低开发成本。

5. 游戏社区的发展

大模型技术的发展推动了游戏社区的发展。越来越多的游戏开发者和玩家开始利用大模型技术来创作和分享他们的作品，从而形成了一个活跃的游戏社区。游戏开发者还可以利用大模型技术识别玩家的情感，对游戏内容进行过滤和审查。在游戏社区中，游戏开发者可以互相学习和交流经验，玩家可以体验到更多样化和高质量的游戏内容。

6. 游戏产业的创新

大模型技术的不断创新推动了游戏产业的发展。通过引入深度学习和 AI 技术，游戏开发者可以开发出更加智能和交互性更强的游戏，为玩家带来全新的游戏体验。

综上所述，大模型技术在游戏领域中的应用具有重要的意义和目的，它不仅可以提升游戏体验、丰富游戏内容、拓展游戏创意、提高游戏开发效率、推动游戏社区的发展，还可以促进游戏产业的创新和发展。随着大模型技术的不断进步和应用，游戏领域将会迎来更加广阔的发展前景。

第 2 章

大模型在游戏策划中的应用

2.1 游戏故事创作

随着 AI 技术的不断发展，大模型技术已经成为游戏开发领域的一大利器。在游戏制作的各个环节中，故事创作与剧本生成一直都是关键的一环。通常，故事创作和剧本生成需要由游戏开发者耗费大量的时间和精力来完成。然而，随着大模型技术的出现和进步，游戏开发者可以利用 AI 来辅助甚至完全自动化故事创作和剧本生成的过程。本节将探讨大模型技术在游戏的故事创作与剧本生成上的应用。

游戏中，一个引人入胜的故事往往是吸引玩家的关键因素之一。然而，故事创作是一项充满挑战的工作，需要考虑角色塑造、情节设计、世界观建构等诸多方面。此外，游戏的故事情节发展往往与玩家的行为和选择有关，以呈现出多样化和交互性，这更增加了故事创作的复杂性和难度。

通常，游戏开发者需要耗费大量的时间和精力来编写剧本和设计故事情节。这不仅需要游戏开发者具有良好的文学功底和创造力，还需要他们对游戏机制和玩家心理有深刻的理解。另外，由于游戏开发周期通常较长，故事创作的进度也会受到其他开发环节的影响，因此故事情节往往需要在整个开发周期内不断调整和完善。

故事创作往往面临以下挑战。

■ 复杂性和多样性：游戏故事往往需要包含丰富的情节、角色和背景设定，以吸引不同类型的玩家。

■ 时间和人力成本：故事创作通常需要大量的人力和时间投入，尤其是对于大型游戏项目来说。

■ 可交互性：游戏故事不同于传统媒体的线性叙事，需要考虑玩家的选择和行为对故事情节走向的影响。

针对这些挑战，大模型技术为游戏故事创作提供了全新的解决方案。游戏开发者可以利用 AI 来辅助故事创作和剧本生成。具体来说，大模型技术在游戏故事创作与剧本生成上的应用主要体现在以下几个方面。

1. 自动生成剧情和对话

大模型技术可以通过学习大量的文本数据，自动生成精彩的剧情和对话。游戏开发者可以通过输入一些关键词或者设定一些基本情节，让模型自动生成具体的剧情内容。这种方式不仅可以节省游戏开发者的时间，还可以为游戏注入更多的内容和细节，增强游戏的可玩性和趣味性。

大模型技术还可以用于自动生成游戏故事的草稿或框架。通过输入一些基本的情节或设定，模型可以生成连贯的故事片段，并根据需要不断调整和优化。这种方式可以大大减少故事创作的时间和人力成本，同时保持一定的创新性和多样性。

这里以《元梦之星》游戏为例来介绍。图2-1所示的《元梦之星》的广场上有一个咖啡师小瑞，每次点击她进行对话都会弹出同一句话"新年瑞幸，一起元梦！"，点击">>"就会退出对话。

图2-1　咖啡师小瑞

下面，我们通过ChatGPT完成咖啡师和玩家的对话，看它能给出哪些回答。我们编写提示词如下。

你现在是《元梦之星》游戏中的咖啡师小瑞，你现在要和玩家对话，请生成一些剧情和对话。

ChatGPT给出的结果如下。

情景1

小瑞：嗨，欢迎来到元梦之星游戏咖啡馆！我是你的专属咖啡师小瑞，今天想喝点什么呢?

玩家:嗨,小瑞!我想尝试一杯特别的咖啡,你有什么推荐吗?

小瑞:当然!我们这里有一款特别的招牌咖啡,叫作"梦幻星辰",是由我们咖啡厅的特制豆子烘焙而成的。它带有丝丝巧克力的香气,加上一丝杏仁的味道,绝对能给你心旷神怡的美妙体验!

玩家:听起来不错!来一杯梦幻星辰吧。对了,最近游戏里的任务好像有点难度,你有没有什么建议?

小瑞:哦,游戏里的任务是不是太有挑战性了?或许你可以尝试和其他玩家组队合作,分享策略和技巧,这样更容易完成任务哦!你还可以去游戏论坛或社交媒体上寻找攻略和技巧,或许会有意想不到的帮助呢!

玩家:好主意!谢谢你的建议,小瑞。说起来,你对元梦之星游戏的新更新有什么看法吗?

小瑞:新更新带来了不少有趣的内容!特别是新增了那个古老城堡的探索任务,听说里面隐藏着丰富的宝藏和谜题,真是令人兴奋!不过,也希望开发团队能够继续优化游戏体验,满足玩家的期待和需求。

玩家:嗯,我也期待能够看到更多精彩的更新!谢谢你的服务和建议,小瑞。

小瑞:不客气!如果你还有什么需要,随时可以找我哦。祝你在元梦之星的冒险旅程中玩得开心!

情景 2

(在游戏咖啡馆中)

小瑞:(微笑着)欢迎来到元梦之星游戏咖啡馆,我是你的咖啡师小瑞。今天是一个美好的日子,有什么能为您效劳的吗?

玩家:嗨,小瑞!我今天想尝试一些特别的咖啡。你有什么推荐吗?

小瑞:当然!我们的特色咖啡有很多。如果你喜欢浓郁的口味,我推荐我们的拿铁特调,它结合了浓郁的意式咖啡和丝滑的牛奶。如果你喜欢清新的口感,我们的冰滴咖啡也是一个不错的选择,它以冰滴的方式慢慢萃取,味道清爽。

玩家：听起来都很诱人！我来一杯拿铁特调吧，谢谢。

小瑞：好的，马上为您调制。在这个游戏世界中有什么新鲜事吗？我听说最近更新了新的任务？

玩家：是的！最近游戏更新了一个新的地下城，里面有很多挑战和宝藏等着我们去探索。我和我的队友昨天刚刚开始挑战，但是遇到了一些困难。

小瑞：听起来很刺激！地下城的设计一定很有趣。你们遇到了什么困难吗？也许我可以提供一些帮助。

玩家：我们遇到了一个巨大的强敌，他的攻击力太强大了，我们总是在他的技能面前败下阵来。

小瑞：这听起来确实是一个挑战。也许你们可以尝试调整战术，利用环境或者特定的技能来克服他的攻击。另外，提升装备和技能也是战胜强敌的关键。

玩家：谢谢你的建议，小瑞！我会试试看的。喝完咖啡我就去找队友商量一下。

小瑞：不客气！祝你们好运，愿你们在地下城中获得丰厚的奖励。如果需要更多帮助或者咖啡，随时欢迎再来找我！

我们可以对比一下ChatGPT根据同一提示词，给出的两个不同的回答。可以看出，两个回答中有一些相关内容，比如新的任务、新的探索。将ChatGPT提到的"地下城"改成我们自己游戏地图里的地点，对话就可以符合我们的要求，直接应用在游戏剧情里。

2. 个性化剧情生成

大模型技术可以根据玩家（用户）的行为和选择，生成与之相关的个性化剧情。通过分析玩家的游戏数据和行为模式，大模型可以预测玩家的偏好和兴趣，并相应地调整剧情内容。个性化剧情生成可以让玩家更加沉浸式地体验游戏，增强游戏的互动性和可玩性。

模型可以根据角色的背景、性格和目标等特征，自动生成符合角色形象的对话和行为。这种方式不仅可以丰富游戏中的角色形象，还可以增强游戏的互动性和可玩性。

我们编写的剧情概要如下。

一位年轻的程序员杰克（Jack）因为对未知世界的好奇心而决定参加一个探险家

协会的活动，探索一个神秘的岛屿。在他的旅程中，他遇到了各种挑战和冒险，同时也结识了一些奇特而有趣的伙伴。剧情将根据用户的喜好和选择进行调整，以确保每个用户都能获得独特的体验。

起始选择：用户可以选择杰克的性格特点，比如勇敢、机智或者谨慎。用户可以选择杰克的探险伙伴，比如一个幽默的潜水员、一个神秘的导航专家或者一个机敏的科学家。

探险开始：如果用户选择了勇敢这个性格特点，那么我们编写的提示词如下。

剧情可能会让杰克面临更多的危险和挑战，但他也会有更多机会展示自己的英勇。

ChatGPT 给出的结果如下。

在勇敢的性格特点下，杰克将会遭遇更加惊险的冒险和挑战，但同时也会有更多机会展现他的英勇。在神秘岛屿的探索中，杰克会发现自己置身于一个充满未知和危险的环境中。

第一次遭遇是在岛的深处，当他们试图穿过一片茂密的丛林时。突然，一群凶猛的野生动物出现了，它们咆哮着向杰克和他的伙伴们发起了进攻。在这个危急时刻，杰克展现了他的勇气和果断，带领大家奋勇抵抗，成功驱散了野兽。

然而，更大的挑战在前方等待着他们。当他们继续前行时，他们发现自己进入了一个被神秘力量笼罩的古老遗迹。这个遗迹中充满了各种机关陷阱和神秘谜题，考验着杰克的智慧和勇气。在面对一系列生死考验时，杰克展现了他的果敢和聪明，成功解开了古老谜团，为他们的探险之旅铺平了道路。

然而，岛上的真正秘密却隐藏在一个神秘的山洞中。当杰克和他的伙伴们进入洞穴时，他们发现了一群神秘的生物，它们是这座岛屿的守护者。为了继续前行，杰克必须与这些生物进行一场艰苦的较量。在一场激烈的战斗中，杰克展现了他的英勇和决心，最终战胜了守护者，揭示了岛屿的最大秘密。

通过勇气和果敢，杰克成功地探索了这个神秘岛屿，不仅收获了珍贵的宝藏，更重要的是，他也获得了无尽的冒险与成长。

如果用户选择了谨慎这个性格特点，那么我们编写的提示词如下。

剧情可能会注重策略和谨慎，杰克可能会选择避开一些危险，但也可能错过一些宝贵的发现。请生成个性化剧情。

ChatGPT 给出如下结果。

杰克踏上了这段神秘岛屿的探险之旅，带着一种谨慎的心态。他深知未知世界的危险，因此在面对各种挑战时总是谨慎小心。

在岛屿的探索过程中，杰克遇到了一个叫作梅林的老者，他是岛上的守护者之一。梅林向杰克提供了一些关于岛屿的基本信息，并告诉他：岛上隐藏着许多危险和宝藏，遭遇什么取决于他的选择和行动。

首先，杰克面临着选择是否要跟随岛上的一群探险者前往一个神秘的洞穴。尽管他们声称洞穴内可能藏有珍贵的宝藏，但杰克决定先观察一下，以确保安全再做决定。在等待一段时间后，他发现了洞穴附近的一个隐藏路径，通过这个路径，他成功避开了一个潜在的陷阱。

接下来，杰克遇到了一个名叫艾丽丝的年轻女孩，她似乎在追逐一只奇怪的生物。艾丽丝请求杰克帮助她捕捉这只生物，但考虑到这可能会带来风险，杰克决定拒绝，并劝告艾丽丝回到安全地带。虽然他可能错过了一些有趣的经历，但他的谨慎让他远离了潜在的危险。

随着时间的推移，杰克发现了一处被植被覆盖的神秘遗迹。尽管心中充满了好奇，但他决定先做好准备并收集更多信息，以确保自己能够安全地探索这个遗迹。

最终，杰克虽然可能错过了一些冒险和宝藏，但他的谨慎和策略让他成功避开了许多潜在的危险，最终安全地返回了家园。这段探险之旅让他明白，谨慎和冒险并不一定是对立的选择，而是需要在合适的时机做出平衡。

伙伴关系：如果用户选择了一个机智的潜水员作为杰克的伙伴，那么我们编写的提示词如下。

用户选择了一个机智的潜水员作为杰克的伙伴，他们可能会一起解决水下迷宫的谜题。请生成个性化剧情。

ChatGPT 给出如下结果。

杰克和他的潜水员伙伴一起冒险，来到了神秘岛屿周围的海域。他们穿着潜水装备，准备探索水下世界。当他们潜入海底时，一座古老的水下迷宫出现在他们眼前。

这个迷宫看似简单，却隐藏着许多神秘的谜题。杰克和他的潜水员伙伴需要密切合作，运用他们的智慧和技巧来解决这些谜题，才能继续向前探索。他们发现迷宫中的每一个房间都充满了古老的符号和机关，需要他们的洞察力和机智来破解。

在解决了一系列挑战后，他们终于来到了迷宫的核心区域。在那里，他们发现了一块古老的石碑，上面刻满了神秘的文字。杰克的伙伴是一位精通古代语言的潜水员，他努力解读着石碑上的文字。最终，他们成功地解开了石碑所隐藏的秘密，揭示了一个隐藏在岛屿深处的宝藏的位置。

但是，他们并不是唯一追逐宝藏的人。正当他们准备离开迷宫时，突然出现了一群神秘的敌人，他们也在寻找同样的宝藏。杰克和他的伙伴必须迅速行动，巧妙地应对敌人的袭击，保护他们发现的秘密，并顺利逃离迷宫的危险境地。

最终，杰克和他的潜水员伙伴成功地获得了宝藏，并平安返回岛上。他们的冒险充满了挑战和刺激，但也让他们更加坚定了彼此的信任和友谊。这段经历将成为他们永远难忘的记忆，同时也为他们未来的冒险铺平了道路。

如果用户选择了一个神秘的导航专家作为杰克的伙伴，那么我们编写的提示词如下。

用户选择了一个神秘的导航专家作为杰克的伙伴，他们可能会一起探索岛上的古老遗迹。请生成个性化剧情。

ChatGPT 给出如下结果。

当杰克决定参加探险者协会的活动时，他并没有想到自己将会搭档一个神秘的导航专家。在约定的地点，他遇到了一个身穿古老斗篷的神秘人物，名叫艾琳（Eileen）。她的眼中透露出一种深邃的智慧，仿佛她对这个岛屿的每一个角落都了如指掌。

一路上，艾琳展现出对岛屿上古老遗迹的浓厚兴趣，她谈论起历史、神话和传说，让杰克对探索之旅充满了期待。他们穿越茂密的丛林，攀爬陡峭的山峰，终于来到了一座隐藏在树木之间的废墟。

这个废墟曾经是一座宏伟的神庙，但现在已经被时间的洪流淹没。艾琳开始解读墙壁上的古老文字，她声音中透露出的兴奋也感染到了杰克。他们一起穿梭于废墟中，发现了古老的宝藏和神秘的机关。

然而，并非一切顺利，岛上的危险也在不断地挑战着他们的勇气和智慧。在面对一群凶恶的岛屿原住民时，杰克展现出了他的勇气和技能，而艾琳则利用她的导航技巧带领他们摆脱险境。

他们的旅程充满了惊险与刺激，但也充满了友情与合作。通过艾琳的智慧和杰克的勇气，他们成功地解开了古老遗迹的谜团，发现了隐藏在岛屿深处的宝藏，以及古老文明的秘密。在归途中，他们的关系不仅是搭档，更像是经历了生死的好友，他们一同创造了这段独一无二的探险之旅。

冒险选择：在岛屿的探索过程中，杰克和他的伙伴们可能会面临一系列冒险选择。比如，他们可能发现了一个古老的神庙，用户可以选择是否进入探索，寻找隐藏的宝藏或者神秘的力量。我们编写的提示词如下。

选择进入神庙，剧情可能会给杰克和伙伴们设置神秘的陷阱和谜题，以及令人惊叹的宝藏。请生成个性化剧情。

ChatGPT 给出如下结果。

当杰克踏入神秘的神庙时，一股神秘的气息迎面扑来，仿佛时间在这里停滞。在神庙的入口处，他发现了一块古老的石碑，上面刻着一些古老的文字。

杰克仔细观察着石碑，尝试着解读上面的文字。经过一番努力，他终于解开了石碑的谜题，揭示了通往神庙深处的路径。随着他踏入神庙内部，一系列挑战开始展开。

他发现神庙内部布满了精巧而致命的陷阱，有些需要他小心谨慎地避开，有些则需要他运用自己的智慧和技巧来化解。但杰克并不孤单，他的伙伴们与他并肩作战，相互帮助，共同克服困难。

在探索的过程中，杰克和他的伙伴们发现了许多古老的宝藏，其中包括失落已久的文物和珍贵的宝石。但更重要的是，他们发现了一个隐藏在神庙深处的神秘房间，里面封印着一个古老的神器，据说拥有无穷的力量。

然而，这个神器并非轻易可得。为了获得它，杰克和他的伙伴们必须面对最终的挑战，挑战他们的勇气、智慧和团队合作精神。只有克服了这个挑战，他们才能够获得神器，但同时也必须承担其带来的责任和影响。

在探险的最后，杰克和他的伙伴们成功地获得了神器，并且在经历了一系列惊险刺激的冒险之后，他们终于安全地离开了神庙。这段探险之旅不仅让他们收获了宝贵的财富，更重要的是，他们在这个过程中收获了友谊、团队合作精神和成长。

敌对势力：除了自然环境的挑战，杰克和他的伙伴们可能还会面对敌对势力的威胁。用户可以选择与这些敌对势力交战，或者通过外交手段寻求合作。我们先看一下交战的情况，编写的提示词如下。

杰克和他的团队受到敌对势力的威胁，用户选择与这些势力交战。请生成个性化剧情。

ChatGPT 给出如下结果。

在杰克和他的团队面临敌对势力的威胁时，他们决定不畏艰险，勇敢地与之交战。他们准备好了战斗的装备和策略，希望能够击败敌人，保护自己和岛屿的安全。

随着团队向敌对势力的据点进发，他们发现敌人的规模比预期的还要庞大。敌人组织严密，装备精良，对抗起来十分棘手。但是，杰克和他的团队展现出了出色的团结精神和战斗技能，他们相互配合，密切合作，以最有效的方式对付敌人。

在激烈的战斗中，杰克和他的团队遭遇了许多险境和挑战。他们不仅要应对敌人的进攻，还要应对突发的自然灾害和险恶的地形。然而，正是这些困难锻炼了他们的意志和技能，使他们更加坚定地迎接挑战。

最终，经过艰苦的努力和不懈的奋斗，杰克和他的团队成功地击败了敌对势力，保卫了自己和岛屿的安全。他们的勇气和决心使他们成为岛民心中的英雄，而这段经历也成为他们人生中最难忘的冒险之一。

接下来，我们看一下合作的情况，编写的提示词如下。

杰克和他的团队受到敌对势力的威胁，用户选择通过外交手段寻求合作。请生成个性化剧情。

ChatGPT 给出如下结果。

在杰克和他的团队面临敌对势力的威胁时，他决定通过外交手段寻求合作。他意识到，与其陷入冲突，不如试图建立一种互利的关系。他们决定向对方示好，并提出进行合作的建议。

首先，杰克派遣团队中最善于交际的成员前去与敌对势力的代表进行接触。这位成员利用他的口才和外交手段，向对方传达了杰克和他的团队的诚意和愿望，希望能够找到一种双方都能接受的解决方案。他们提出了一些合作的可能性，例如资源共享、信息交换或者共同应对岛屿上的其他威胁。

敌对势力的代表起初对这种提议持怀疑态度，但在杰克和他的团队展示出的诚意和愿意妥协的态度下，他开始考虑这个建议。经过一番谈判和讨论，双方最终达成了一项合作协议，共同面对岛屿上的挑战，并分享资源和信息。

这种外交手段不仅使杰克和他的团队能够避免一场可能的冲突，还为他们赢得了强大的盟友，并为未来的探险之旅奠定了坚实的基础。这次合作不仅加强了团队之间的信任和友谊，也为岛屿上的探索工作带来了更多的可能性和机会。

最终决战：随着剧情的发展，杰克和他的团队最终可能会面临一场决战，这场决战会决定岛屿的命运。用户的选择和行动将在这场决战中起到关键作用，决定最终是胜利还是失败。如果杰克和他的团队成功击败了敌人并解开了岛屿的秘密，他们可能会成为英雄；而如果失败，他们可能会面临灾难性的后果。我们看一下成功的情况，编写的提示词如下。

杰克和他的团队成功击败了敌人并解开了岛屿的秘密，他们成了英雄。请生成个性化剧情。

ChatGPT 给出如下结果。

杰克对于未知世界的好奇心一直驱使着他前行，于是他毅然决定参加了探险家协会的活动，前往神秘的岛屿探险。在这座神秘岛上，他发现了一片被遗忘的古老废墟，这里似乎隐藏着无数谜题和危险。与他一同探险的伙伴们包括一位精通历史学和考古学的学者艾丽丝（Alice），一位勇敢而冷静的军事专家马克（Mark），以及一位神秘的部落领袖艾莉亚（Aria），她身上流淌着祖先的智慧与勇气。

在岛屿上的探险过程中，杰克和他的团队面对着各种挑战，从古老的机关陷阱到森林深处的凶猛野兽，每一步都是一次生死考验。然而，正是团队的紧密合作和智慧应对，让他们不断克服困难，一步步接近岛屿的秘密。

在探索的过程中，杰克发现了一座隐藏在山谷深处的神秘神庙。这座神庙似乎是古代文明的遗迹，内部雕刻着神秘的符号和古老的文字。艾丽丝认出了其中一些文字，它们似乎是指引着前往岛屿深处的线索。

随着团队的前行，他们越来越接近岛屿的核心秘密。然而，当他们终于解开了最后的谜题，却发现隐藏在岛屿深处的是一个古老的诅咒，将会带来灾难性的后果。

面对这场前所未见的危机，杰克和他的团队必须齐心协力，利用彼此的特长和智慧，才能够挽救岛屿上的居民和解除诅咒。他们展开了一场惊心动魄的冒险，与时间赛跑，最终成功解除了诅咒，为岛屿带回了和平与安宁。

杰克和他的团队因此成了岛屿上的英雄，他们的冒险故事也将被传颂一代又一代。这段经历不仅让他们更加了解了彼此，也让他们明白了团队合作的重要性，以及面对困难时勇气和智慧的价值。而这个神秘的岛屿也因为他们的到来，再次充满了生机和希望。

接下来，我们看一下失败的情况，编写的提示词如下。

杰克和他的团队没有击败敌人，可能会面临灾难性的后果。请生成个性化剧情。

ChatGPT 给出如下结果。

在探险中，杰克和他的团队遭遇了一个强大而邪恶的敌人，但由于某种原因，他们未能击败对手。这个敌人可能是岛上的守护者，或者是某种神秘力量的代表。无论如何，他们的失败导致了一系列灾难性的后果。

首先，敌人夺取了团队所追寻的宝藏或者重要的资源，这使他们要完成任务变得更加困难。同时，敌人的存在也威胁着岛上的其他居民和环境。杰克和他的团队意识到，他们必须找到一种方法来对抗这个强大的敌人，否则岛上的一切都将受到威胁。

团队中的成员开始沮丧和绝望，他们意识到他们可能无法应对这个挑战。然而，正是在这个困境中，团队成员们展现出了真正的勇气和团结精神。他们开始探索岛上的秘密，寻找解决问题的线索，同时也结识了一些岛上的居民，这些居民可能拥有能够帮助他们的知识或技能。

通过团队的努力和不懈的探索，他们最终发现了对抗敌人的方法。这可能涉及一个神秘的仪式、一场艰难的战斗，或者与其他岛民的合作。最终，杰克和他的团队成功击败了敌人，挽救了岛上的居民，并夺回了失去的宝藏或资源。

这些具体的剧情示例展示了如何通过大模型技术生成个性化剧情，根据用户的选择和喜好创建独特的故事。通过这种方式，用户可以更深入地参与到故事中，得到不同选择所带来的结果，并享受个性化的互动体验。

3. 故事评估和优化

大模型可以用于生成游戏中的故事情节和对话。通过使用大量的文本数据训练模型，游戏开发者可以创建具有丰富情感和逻辑的虚拟角色对话，以及引人入胜的情节线索。大模型可以用于分析游戏中的故事情节和角色关系，以发现潜在的问题和改进点。通过分析玩家的选择和反馈，游戏开发者可以优化游戏的故事线索和角色发展，以提高游戏的情感吸引力和玩家体验。故事评估和优化可以帮助游戏开发者及时发现和解决问题，提高游戏的质量和可玩性。

以咖啡师小瑞为例，假如玩家连续闯关夺得第一，我们需要生成夸赞玩家的对话。编写的提示词如下。

你现在是元梦之星游戏咖啡师小瑞，你现在要和玩家对话，玩家连续闯关夺得第一，我们需要生成夸赞玩家的对话，请生成一些剧情和对话。

ChatGPT 给出的结果如下。

情景 1

小瑞：哇！你好厉害啊！连续闯关夺得第一！你简直就是我们游戏里的传奇玩家！

玩家：哈哈，谢谢！其实我也挺意外的，就是玩得兴起了。

小瑞：你的游戏技巧真是令人叹为观止，每一关都能轻松过关，简直就像是游戏界的天才！

玩家：其实也是运气好啦，碰上的关卡都比较顺手。

小瑞：运气固然重要，但更重要的是你的技术和耐心。你在每个关卡都展现出了超凡的游戏技能和坚韧的毅力，这才是胜利的真正秘诀！

玩家：谢谢你这么夸奖我！其实我也是刚开始接触这款游戏，没想到会有这么大的进步。

小瑞：看得出来你是个热爱挑战的玩家，对游戏有着真挚的热情和探索的欲望。我相信在你的努力下，你会成为这个游戏的传奇大师！

玩家：嗯，我会继续努力的！谢谢你的鼓励，小瑞！

情景 2

小瑞：嘿，嘿，嘿！看来今天的第一名又是你啊！真是太厉害了！

玩家：哈哈，谢谢，小瑞！其实每一关都是一种挑战，但是我总是尽力而为。

小瑞：你的努力可不仅仅是尽力而为，你的技术和策略简直让人惊叹！每一次都是如此出色！

玩家：嗯，我尽量将每一次挑战当作学习的机会，不断优化自己的操作和思路。

小瑞：你的态度真是令人钦佩！不仅技术过硬，心态也是赢家的心态！你是真正的游戏达人！

玩家：谢谢，小瑞！游戏对我来说不仅是娱乐，更是一种享受、一种成长。

小瑞：我完全理解！游戏的魅力就在于此，它不仅是一种娱乐，更是一种心灵的交流和成长的过程！

玩家：嗯，我赞同！感谢你们团队制作了这么精彩的游戏，让我们有机会在其中展现自己的才华。

小瑞：别客气！我们团队会一直努力，为大家带来更多的乐趣和挑战！继续加油，下一关还等着你呢！

以咖啡师小瑞为例，假如玩家连续闯关失败，我们需要生成鼓励玩家的对话。编写的提示词如下。

你现在是元梦之星游戏咖啡师小瑞，你现在要和玩家对话，玩家连续闯关失败，我们需要生成鼓励玩家的对话，请生成一些剧情和对话。

ChatGPT 给出的结果如下。

情景 1

小瑞：嘿，欢迎来到元梦之星！看起来你今天不太顺利啊，连续闯关失败了？

玩家：是的，我已经尝试了好几次，但总是失败。

小瑞：别灰心！每一次失败都是通向成功的一步。告诉我，你遇到了哪些困难？也许我可以帮你找到一些突破口。

玩家：我总是在某个关卡卡住，感觉找不到正确的策略。

小瑞：那就好好回想一下你在游戏中的经历，或许你可以尝试一些不同的方法或者策略，有时候新的视角会带来新的突破。

玩家：嗯，或许你说得对。我会再试一次，尝试一些不同的策略。

小瑞：太棒了！相信自己，你一定能够克服困难，迎来胜利的时刻。游戏就像人生一样，失败只是暂时的挫折，坚持不懈才是成功的关键。

玩家：谢谢你的鼓励，小瑞！我会加倍努力的！

小瑞：不客气！记住，无论何时需要帮助，我都在这里陪伴着你。加油！

情景2

场景：

玩家（昵称为小飞）来到元梦之星游戏的咖啡馆，正在和小瑞交谈。小飞最近在游戏中连续闯关失败，心情有些低落。

对话：

小瑞：嘿，小飞，欢迎来到元梦之星咖啡馆！看起来你今天有些沉郁，发生了什么事情吗？

小飞：嗨，小瑞。嗯，最近在游戏里总是失败，感觉自己好像进步太慢了。

小瑞：啊，闯关失败确实会让人感到沮丧，但失败并不代表你就输了哦！它是通向成功的一部分。每一次失败都是一次宝贵的学习机会。

小飞：可是我觉得我已经尽力了，但是还是无法通过那些关卡。

小瑞：坚持和努力是通向胜利的唯一途径。就像一杯美味的咖啡一样，成功需要时间和耐心去磨练。每一次的尝试都会让你更加接近胜利。

小飞：谢谢你的鼓励，小瑞。也许我需要改变一下策略，再试试看。

小瑞：没错！适时调整策略，挑战自我，你一定能够取得更好的成绩！相信自己，胜利就在不远处等待着你。

小飞：嗯，我会试着更加坚定地前进的。谢谢你的鼓励，小瑞！

小瑞：不客气！游戏世界就像人生的缩影，它教会我们坚持。祝你好运，小飞！

大模型技术还可以帮助游戏开发者实现情节的动态推进和调整。大模型可以根据玩家的选择和行为，自动生成相应的情节发展方向，并保持故事的连贯性和逻辑性。这种方式使游戏故事更加灵活和具有交互性，增强了玩家的代入感。

我们的咖啡师小瑞再次登场。这次小瑞需要根据玩家的选择，生成不同的对话内容。《元梦之星》玩家里有不少小朋友，可能玩家语文考试考砸了，比较沮丧，玩家想要咖啡师小瑞生成一些鼓励的话语。我们看一下 ChatGPT 生成了什么。编写的提示词如下。

你现在是元梦之星游戏咖啡师小瑞，你现在要和玩家对话，玩家语文考试考砸了，比较沮丧，玩家想要咖啡师小瑞生成一些鼓励的话语，请生成一些剧情和对话。

ChatGPT 给出的结果如下。

情景 1

小瑞：嘿，欢迎来到元梦之星游戏咖啡馆！你今天看起来有点沮丧，发生了什么事情呢？

玩家：嗯，我今天考语文考砸了，感觉好失落啊，我之前都有好好准备的。

小瑞：哎呀，考试失利确实会让人感到沮丧。但是别太难过了，失败只是通往成功的一部分旅程而已。每个人都会遇到挑战和失败，重要的是要从中学到东西，并且坚持不懈地努力向前。

玩家：可是，我真的觉得自己好笨啊，其他人都考得很好，就我一个人没考好。

小瑞：别拿自己和别人比较，每个人的学习和成长速度都不一样。你已经付出了努力，这很重要。有时候，我们可能需要更多的时间来理解和掌握一些知识，但这并不代表你笨。只要你愿意学习和努力，你就一定能够取得进步的。

玩家：谢谢你，小瑞。你说的话让我感觉好多了，我会继续努力的！

小瑞：没问题，我一直在这里支持你呢！记住，失败是成功的一部分，重要的是要从中吸取经验教训，然后继续前进。加油！

情景 2

小瑞：嗨，欢迎来到元梦之星！看起来你今天心情有点低落，发生了什么事情呢？

玩家：嗯，我今天考语文考砸了，感觉好沮丧啊，我之前可是用心复习了的。

小瑞：哎呀，考试不如意，这种感觉我也深有体会。但是你知道吗，失败并不代表你不行，它只是成功路上的一站而已。

玩家：可是我觉得我可能真的不行，我复习了那么久，结果还是不好。

小瑞：别太灰心，每个人都会遇到挑战，这是成长的一部分。而且，你知道吗？

有时候失败反而会让我们更强大，因为它教会了我们更多的东西。

玩家：但是我真的好失望啊，我觉得我可能永远都学不好了。

小瑞：不要这么想！人生中的失败并不是终点，而是一个新的起点。重要的是，你要学会从失败中汲取经验教训，然后继续努力向前，相信我，你一定会有所收获的。

玩家：谢谢你，小瑞。听你这么一说，我感觉好多了，我会继续努力的！

小瑞：太好了，我相信你一定能够克服这次挫折，取得更好的成绩的！不要忘记，我一直在这里支持着你。加油！

玩家的语文考试虽然考砸了，但是数学考试得了满分，玩家想要咖啡师小瑞生成一些表扬的话语，来表扬玩家的数学成绩比较好。我们看一下 ChatGPT 生成了什么。编写的提示词如下。

你现在是元梦之星游戏咖啡师小瑞，你现在要和玩家对话，玩家数学考试得了满分，玩家想要咖啡师小瑞生成一些表扬的话语，请生成一些剧情和对话。

ChatGPT 给出的结果如下。

情景 1

（玩家数学考试得了满分，他来到了元梦之星游戏咖啡馆，想要与咖啡师小瑞交流。）

玩家：嗨，咖啡师小瑞！今天是美好的一天，我刚刚在数学考试中得了满分！

小瑞：哇！恭喜你啊，太棒了！满分啊！你一定付出了很多努力。来，让我给你倒一杯特制的咖啡，庆祝一下吧。

（小瑞热情地为玩家准备了一杯特制咖啡。）

玩家：谢谢你，小瑞！你知道吗，我一直觉得在你的咖啡馆里，我能得到一些鼓励和支持。

小瑞：嗯，我很高兴能听到这样的话。我希望每个来到咖啡馆的人都能感受到温暖和鼓励，就像喝到一杯热气腾腾的咖啡一样。你的努力和成就，让我感到非常欣慰。

玩家：谢谢你，小瑞。你总是这么友善和体贴。我觉得在你这里，不仅仅是喝咖啡，还能收获到一份心灵上的慰藉。

小瑞：你太客气了。我们在这里不仅是咖啡师和顾客的关系，更像是朋友。我相信每个人都有自己的闪光点，只需要找到适合展现的舞台。你的数学成绩就是一个绚丽的舞台，而你的努力和勇气则是闪耀的光芒。

玩家：谢谢你，小瑞。我会铭记你的话语，继续努力前行的。

小瑞：没问题，朋友。如果你需要任何帮助或者只是想来这里放松，随时欢迎你来到元梦之星游戏咖啡馆。我们总会为你准备好一杯浓郁醇厚的咖啡和一份温馨的陪伴。

（玩家和小瑞继续愉快地对话，享受着咖啡馆的宁静氛围。）

情景 2

玩家：嘿，小瑞！我今天数学考试得了满分！

小瑞：哇，太棒了！恭喜你！数学考试得满分可不是件容易的事情呢！你一定付出了很多努力。

玩家：是的，最终结果令人惊喜！

小瑞：这些付出都是值得的。你的努力得到了完美的回报！这对你来说一定是个了不起的成就。

玩家：谢谢你，小瑞！你总是这么鼓励人。我很感激能在元梦之星遇见你。

小瑞：哈哈，我只是希望看到每位玩家都能在游戏中获得成长和快乐。你是我们游戏中的明星之一，继续保持努力，会有更多惊喜等待着你！

玩家：谢谢你的祝福，小瑞！我会继续努力的。不过，现在我需要一杯咖啡来庆祝一下！

4. 多模态故事生成

除了文本内容，大模型技术还可以生成多模态的故事内容，包括图像、音频、视频等。通过结合多种故事内容，大模型可以为玩家提供更加丰富和多样化的故事体验。多模态故事生成可以为游戏带来更加震撼的视听效果，提高游戏的吸引力和趣味性。

下面借助 Stable Diffusion、Midjourney、Playground 等来创建故事背景。

我们要绘制愤怒的南瓜，要求在里面添加万圣节背景。输入的提示词如下。

Angry Pumpkin, Halloween version, orange theme

得到图 2-2 和图 2-3 所示的图片。

图2-2 愤怒的南瓜1

图2-3 愤怒的南瓜2

　　大模型技术还可以用于生成游戏世界。通过输入一些基本的背景信息和设定要求，大模型可以自动生成丰富多彩的游戏世界，包括地理环境、文化传统、历史背景等。这样的应用可以帮助游戏开发者快速构建游戏世界，减少设计和制作游戏世界的时间成本。

我们要绘制一幅充满节日气氛的背景图，主题是偏喜庆的。输入的提示词如下：

Draw a background picture with a festive theme. There can be a puppy in the picture, and there is a gate behind it. The overall color tone is mainly red and gold.

得到图 2-4 和图 2-5 所示的背景图。

图2-4　小狗喜庆氛围1

图2-5　小狗喜庆氛围2

我们将该背景的地理环境换成雪地，修改提示词如下：

Draw a background picture with a festive theme. The background is snow, there can be a puppy in the picture, and there is a gate behind it. And the overall color tone is mainly red and gold.

得到的结果如图 2-6 和图 2-7 所示。

图2-6　小狗与雪地1

图2-7　小狗与雪地2

我们将背景的地理环境换成森林，修改提示词如下：

Draw a background picture with a festive theme. The background is a forest, there can be a puppy in the picture, and there is a gate behind it. And the overall color tone is mainly red and gold.

得到的结果如图2-8和图2-9所示。

图2-8　小狗与森林1

图2-9　小狗与森林2

我们从图 2-8 可以看出，图中小狗背后的森林和前景的圣诞树稍显突兀，整体色调不是太协调，这也是大模型的一个缺点，大模型生成的图还是需要二次加工的，不然图看起来就很不自然。

尽管大模型技术在游戏故事创作方面具有巨大的潜力，但是目前的大模型技术往往需要巨大的计算资源，比如要想本地部署 Stable Diffusion，需要使用 NVIDIA 显卡，且其最低配置为 4GB 显存。算力越强，出图越快；显存容量越大，所设置的图的分辨率越高。所以，对于开发者来说存在一些挑战和限制。

- 数据和算力需求：训练和使用大模型需要大量的数据和算力支持，对于一些小型游戏开发团队来说，可能存在一定的门槛。

- 可解释性和控制性：大模型生成的内容往往缺乏可解释性，可能导致出现一些意想不到的结果或不合逻辑的情节。

- 个性化和定制化：大模型生成的内容往往不够个性化和定制化，可能无法完全满足游戏开发者的需求。

未来，随着大模型技术的不断进步和应用场景的拓展，大模型技术在游戏故事创作中的应用将更加广泛和深入。我们需要提升大模型技术在游戏领域的实用性和可靠性。大模型技术为游戏的故事创作与剧本生成带来了全新的机遇与挑战。通过自动生成故事片段、角色台词以及原画，大模型技术可以极大地提升游戏开发效率和游戏体验。然而，我们也需要认识到其面临的挑战和限制，并努力寻求解决方案，以推动大模型技术在游戏领域的进一步发展和应用。

通过不断地探索和实践，大模型技术将为游戏行业带来更加丰富、多样的故事体验，为玩家创造出更加引人入胜的游戏世界。

2.2　任务和关卡等方面的设计

大模型技术通过深度学习和自然语言处理等技术，能够构建出处理海量文本和数据的模型，这些模型具有强大的语言理解和生成能力。在游戏的任务和关卡设计方面，大模型技术发挥着重要作用，可以让游戏设计师设计出更加有趣和引人入胜的游戏世界。

本节将探讨大模型技术在游戏任务设计、游戏关卡设计、故事情节生成、任务提示和反馈生成、关卡地图生成、玩家行为预测和个性化体验等方面的应用。

2.2.1 游戏任务设计

大模型技术可以帮助游戏设计师设计丰富多彩的游戏任务。通过分析大量的游戏数据和玩家反馈,大模型可以生成新的任务类型、任务目标和任务场景。这些任务可以根据玩家的偏好和游戏进度进行动态调整,以保持游戏的挑战性和吸引力。

以《元梦之星》里的"躲猫猫"游戏为例进行任务设计。编写的提示词如下。

元梦之星游戏里有个"躲猫猫"游戏,其中有 4 个搜捕者、8 个躲藏者,请设计几个游戏任务。

ChatGPT 给出的结果如下。

对元梦之星游戏中的"躲猫猫"游戏可以设计一些有趣的任务,以增加游戏的趣味性和挑战性。以下是一些可能的游戏任务:

1. 团队合作任务

为躲藏者和搜捕者分别设定一个共同的目标,例如在限定时间内躲藏者必须全部存活,或者搜捕者必须在规定时间内找到所有的躲藏者。

2. 隐藏任务

在地图的不同角落或隐蔽的区域放置一些隐藏任务,例如寻找宝藏、收集特定的道具等。这些任务可以为玩家提供额外的分数或奖励,激励玩家探索地图。

3. 角色技能任务

为每个角色设置特殊的技能或能力,例如某些躲藏者可以使用短暂的隐身技能,而搜捕者可能拥有增加移动速度的技能。任务可以要求玩家善用这些技能来取得优势。

4. 限时任务

设定一些限时任务,例如在规定时间内完成特定的任务或达到特定的地点。这可以加快游戏节奏并增加紧张感。

5. 地图变化任务

在游戏进行过程中,可以设计一些地图变化任务,例如开启新的躲藏点或者改变地图的布局。这可以使游戏变得更加丰富和有趣。

6. 隐藏角色任务

额外添加一些隐藏角色，可能是特殊的搜捕者或者躲藏者，他们拥有不同的技能和能力。玩家可以通过完成特定的任务或者达成特定条件来解锁这些隐藏角色。

7. 团队竞争任务

将玩家分成两个团队，一个扮演搜捕者，另一个扮演躲藏者，然后设计一些团队竞争任务，例如搜捕者先找到所有躲藏者，则搜捕者获胜；躲藏者在限定时间内存活一定的比例，则躲藏者获胜。

通过这些任务的设计，可以增加元梦之星游戏中"躲猫猫"游戏的趣味性和挑战性，同时也能够促进玩家之间的互动和合作。

2.2.2 游戏关卡设计

在游戏关卡设计方面，大模型技术可以提供关卡布局、敌人分布、道具位置等方面的建议。通过分析玩家在不同关卡的表现和反馈，大模型可以自动生成新的关卡设计，并确保关卡之间的平衡性和连贯性。编写的提示词如下。

"躲猫猫"游戏有4个搜捕者、8个躲藏者，请提供关卡布局、敌人分布、道具位置等方面的建议。

ChatGPT 给出的结果如下。

"躲猫猫"是一种非常有趣的游戏，尤其是在有多个搜捕者和躲藏者的情况下。以下是可能的建议。

1. 关卡布局

（1）地图大小：确保地图足够大，以容纳所有的躲藏者和搜捕者，并提供足够的障碍物和藏身之处。

（2）障碍物布局：在地图中分布各种障碍物，例如箱子、墙壁、树木等，以增加游戏的复杂性和战术性。

（3）房屋和建筑物：在地图上放置一些可进入的房屋或建筑物，为躲藏者提供更多的藏身地点。

（4）多样的地形：包括草地、森林、河流等不同类型的地形，增加游戏的变化和挑战性。

2. 敌人分布

（1）搜捕者起始位置：搜捕者可以分散在地图的不同区域开始游戏，以增加游戏的多样性。

（2）搜捕者巡逻路线：搜捕者应该设定巡逻路线，覆盖地图的不同区域，以扩大搜捕者的搜索范围。

（3）搜捕者间的通信：搜捕者之间应该能够进行简单的通信，例如指认彼此、共享信息等，以更有效地搜寻躲藏者。

3. 道具位置

（1）速度道具：在地图上放置一些可以增加躲藏者速度的道具，帮助他们逃脱搜捕者的追捕。

（2）隐身道具：在一些地点放置隐身道具，让躲藏者可以暂时避开搜捕者的追踪。

（3）诱饵道具：一些诱饵道具可以吸引搜捕者的注意力，让躲藏者有机会逃脱。

（4）陷阱道具：在地图上放置一些陷阱道具，可以暂时困住搜捕者，给躲藏者逃脱的机会。

以上建议旨在增加游戏的趣味性和挑战性，同时保持游戏的平衡性和连贯性。玩家可以根据实际情况对关卡布局和道具位置进行调整，以得到最佳的游戏体验。

2.2.3　故事情节生成

大模型技术可以生成复杂的游戏故事情节，包括角色对话、背景设定、剧情发展等方面。游戏设计师可以利用大模型生成的故事情节，进一步完善游戏的叙事结构和情节发展。

针对"躲猫猫"游戏编写的提示词如下。

请给出"躲猫猫"游戏的角色对话、背景设定、剧情发展等方面的故事情节。

ChatGPT 给出的结果如下。

"躲猫猫"是一个经典的游戏,通常包括一个搜捕者(猫)和一组躲藏者(老鼠)。以下是一个简单的故事情节,涉及这个游戏的角色对话、背景设定以及剧情发展。

1. 游戏背景设定

在一个古老的小镇上,有一个被称为"猫与老鼠镇"的地方。这个镇子因为经常有猫追逐老鼠的情景而得名。镇上的猫和老鼠都生活在和平与友善之中,它们之间的游戏是"躲猫猫"。

2. 剧情发展

(1)角色介绍

猫(主角):名叫 Whiskers 的大胡子猫,聪明、敏捷,是镇上最出色的猫。

老鼠(主角):小老鼠 Cheese,是镇上最机灵的老鼠,擅长藏匿和逃跑。

(2)开场

在一个晴朗的午后,镇上的猫和老鼠们聚集在广场上,准备开始它们的"躲猫猫"游戏。

Whiskers 是追捕者,而 Cheese 则是藏匿者。

(3)对话

Whiskers:今天我要抓到你,Cheese!

Cheese:嘿嘿,别太得意了,Whiskers,我可是藏匿大师!

Whiskers:我们看看吧,谁才是这个游戏的王者!

(4)游戏开始

Cheese 在镇子的房屋下面或花园等地方躲了起来,而 Whiskers 则开始寻找它的目标。

(5)寻找和追逐

Whiskers 开始四处搜索,经过小巷、街道、房屋的顶端,但 Cheese 总是能够及时地躲开它的追捕。

Cheese 巧妙地利用镇上的环境，从一个角落躲到另一个角落，让 Whiskers 始终无法捉到它。

（6）转折

当游戏进入最后阶段时，Whiskers 终于发现了 Cheese 的藏身之处，在一个老旧的小房子后面找到了它。

（7）结局

尽管被发现了，但 Cheese 并不气馁，它一路飞奔，成功逃出 Whiskers 的掌控。

游戏结束时，Whiskers 和 Cheese 一起笑着回到镇上的广场，共同庆祝这场愉快的游戏。

2.2.4　任务提示和反馈生成

通过分析玩家的行为和游戏进度，大模型可以生成个性化的任务提示和反馈，并提供相应的建议和指导，帮助玩家更好地理解游戏任务和目标。

针对"躲猫猫"游戏编写的提示词如下。

在"躲猫猫"游戏中，请分析玩家的行为和游戏进度，生成一些个性化的任务提示和反馈。只分析躲藏者。

ChatGPT 给出的结果如下。

在"躲猫猫"游戏中，玩家扮演躲藏者的角色，需要躲避正在寻找的猫。以下是一些个性化的任务提示和反馈，可以根据玩家的行为和游戏进度进行调整。

1. 玩家躲藏成功的任务提示和反馈

任务提示：恭喜！你成功躲藏了一次。

反馈：你的躲藏技巧真是高明，猫一点都没发现你！

2. 玩家被发现的任务提示和反馈

任务提示：哎呀！你被猫发现了。

反馈：别灰心，下次尝试找一个更好的藏身之处吧！

3．游戏进度提醒

任务提示：还差一点就成功了，加油！

反馈：你已经成功躲藏了一段时间，但是还需要坚持，直到躲藏时间结束才算胜利！

4．玩家持续躲藏的任务提示和反馈

任务提示：你已经成功躲藏了一段时间，继续保持！

反馈：你的躲藏技巧越来越好了，但要小心不要让猫发现你的踪迹！

5．玩家躲藏时间即将结束的任务提示和反馈

任务提示：时间快到了，要做好准备！

反馈：时间已经过去一大半了，保持警惕，再坚持一会儿就胜利了！

6．游戏胜利的任务提示和反馈

任务提示：恭喜你成功躲过了所有的猫！

反馈：你真是太厉害了！你的躲藏技巧让所有的猫都束手无策！

7．游戏失败的任务提示和反馈

任务提示：很抱歉，你被猫找到了。

反馈：别灰心，下次再来挑战吧！记住，失败是成功之母！

以上任务提示和反馈可以根据玩家的具体行为和游戏进度进行调整，让玩家在游戏中获得更好的体验和反馈。

2.2.5 关卡地图生成

大模型技术可以帮助游戏设计师构建丰富多彩的游戏世界。通过分析现实世界的地理数据和文化信息，大模型可以根据游戏规则和难度设定，自动生成关卡地图及其中的敌人布局、陷阱位置等内容。这样可以大大加快关卡设计的过程，并且提供更加多样化的关卡体验。

关卡地图的特征如下。

■ 地形（如山脉、河流、森林等）特征。

■ 地标和建筑物。

■ 地图大小和形状。

■ 可通行和不可通行区域。

■ 关键路径和目标位置。

编写的提示词如下。

Generate a level map with landmarks and buildings, passable and impassable areas, as well as critical paths and target locations.

得到图 2-10 所示的游戏关卡地图。

图2-10　游戏关卡地图

可以看到，图 2-10 所示的游戏关卡地图中的重点是建筑物，这和我们的提示词有关，我们强调了建筑物。但是我们还需要生成关卡里面的敌人、陷阱等内容，所以我们要调整一下提示词，将其内容改为：

Generate a level map with soldiers patrolling, trap doors, trap boards, etc.

得到图 2-11 和图 2-12 所示的带有陷阱的关卡地图。

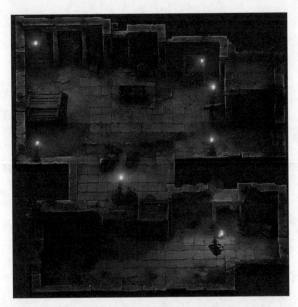

图2-11　带有陷阱的关卡地图1

图2-12　带有陷阱的关卡地图2

我们可以看出，图 2-11 所示的关卡地图中灯光昏暗，可以布置一些陷阱，而图 2-12 所示的关卡地图中有敌人驻守。策划团队可以将这样的示意图给美术团队，让美术团队继续完善设计，比如细化关卡人物、关卡陷阱等。有了这样的示意图，美术团队就可以减少后面的修改次数。因为对美术团队来说，有时候语言表达不如示意图直观、形象。

2.2.6　玩家行为预测和个性化体验

大模型可以分析同类游戏的数据，比如在玩家玩到某个任务或关卡的时候，预测玩家的下一步动作，并根据个性化的需求提供相应的游戏体验。通过个性化推荐和定制化内容，大模型可以提高玩家的参与度和忠诚度。

针对"躲猫猫"游戏，如何分析玩家行为从而实现玩家行为预测并提供个性化体验呢？我们看看 ChatGPT 给出的答案。编写的提示词如下。

针对"躲猫猫"游戏，如何分析玩家的游戏行为和偏好，预测玩家的下一步动作，并根据个性化的需求提供相应的游戏体验？

ChatGPT 给出的结果如下。

针对"躲猫猫"游戏的玩家的行为分析、偏好预测以及个性化游戏体验需求，您可以考虑使用以下方法和技术。

1. 数据收集与分析

收集玩家在游戏中的行为数据，包括移动轨迹、隐藏位置、游戏时长等。

利用数据分析技术，如数据挖掘和机器学习，对收集到的数据进行分析，以了解玩家的行为模式和偏好。

2. 行为模式识别

使用机器学习算法，例如聚类分析或序列模式挖掘，识别不同玩家群体的行为模式。比如，有些玩家可能更倾向于积极探索地图，而另一些可能更喜欢保持隐蔽。

通过分析玩家的游戏行为模式，可以预测他们在游戏中的下一步动作。

3. 个性化推荐和游戏体验

基于玩家的行为模式和偏好，提供个性化的游戏体验。比如，为喜欢挑战的玩家提供更具挑战性的隐藏地点，为喜欢探索的玩家提供更广阔的地图。

使用推荐系统技术，向玩家推荐他可能感兴趣的游戏模式、地图或隐藏点。

通过动态调整游戏难度和地图设计，根据玩家的表现和反馈来优化游戏体验。

4. 玩家反馈和迭代

收集玩家的反馈和评价，以进一步改进个性化的游戏体验。

不断更新和改进算法，以适应玩家行为和偏好的变化。

5. 隐私保护与数据安全

确保玩家数据的安全，遵守相关的数据保护法律和规定。

对玩家数据进行匿名化处理，以保护个人隐私。

综上所述，通过收集和分析玩家的游戏行为数据，结合机器学习和数据分析技术，可以预测玩家的下一步动作并提供个性化的游戏体验，从而提高游戏的吸引力和娱乐性。

如上所述，大模型可以通过收集玩家移动轨迹、隐藏位置、游戏时长等，来判断玩家是喜欢探索地图还是喜欢保持隐蔽，针对不同的玩家设计不同的地图，然后向不同的玩家推荐他喜欢的地图类型，这样就能够使玩家拥有符合自己偏好的个性化体验。随着技术的不断发展和创新，大模型技术会为游戏行业带来更加丰富、智能化的游戏体验，推动游戏设计和开发迈向新的高度。

2.3 玩法创新与平衡性测试

游戏行业在过去几十年里发展迅速，从最初的简单游戏到今天的复杂且多样化的游戏，技术的进步使得游戏的玩法创新与平衡性测试变得更加重要。随着大模型技术的发展，策划作为游戏设计者，能够利用大模型技术强大的计算和分析能力，改善游戏的玩法设计和平衡性测试，这对提升游戏质量和用户体验起着重要的作用。本节将探讨大模型技术在游戏的玩法设计与平衡性测试方面的应用。

2.3.1 游戏玩法创新

游戏玩法创新是游戏行业发展的重要驱动力之一。通过引入新的游戏机制、游戏模式和游戏元素，游戏可以吸引更多的玩家，同时提升游戏的可玩性和趣味性。大模型在游戏玩法创新中的作用如下。

■ 创意生成：大模型可以生成各种创意和想法，为游戏设计者提供灵感和参考。

- **数据分析**：大模型能够分析玩家行为数据和游戏机制，发现潜在的创新点和改进空间。

- **用户反馈**：大模型可以分析玩家的反馈，帮助游戏开发者了解玩家需求并及时调整游戏设计。

利用大模型可以生成一系列有创意的游戏玩法，并将其应用于新游戏的设计中。通过模型生成玩法，不仅给开发团队节省了大量的时间和人力成本，还为游戏玩法的创新提供了新的思路。

例如，针对"躲猫猫"游戏，我们需要 ChatGPT 给出一些创新点，编写的提示词如下。

针对"躲猫猫"游戏，如何做玩法创新，给出一些思路。

ChatGPT 给出的结果如下。

"躲猫猫"游戏是一种经典的儿童游戏，可以通过创新的方式使其更具趣味性和挑战性。以下是一些创新玩法的思路：

1. 多样化的地图和场景

设计不同类型的地图和场景，例如城市街道、森林、沙漠等，每个地图都有自己的特点和挑战。这样可以增加游戏的多样性和趣味性。

2. 特殊能力和道具

给予玩家特殊能力或者道具，例如短暂隐身、快速移动、放置陷阱等，使游戏更有策略性、更加刺激。

3. 团队合作模式

引入团队合作模式，其中一部分玩家扮演"猫"的角色，而另一部分玩家扮演"老鼠"的角色，他们需要协作来完成任务或者挑战。

4. 动态地图和随机性

在游戏过程中，地图的布局和环境可能会发生变化，例如，天气变化、地图结构变动等，这样可以增加游戏的随机性和挑战性。

5. 虚拟现实和增强现实技术

利用虚拟现实（VR）和增强现实（AR）技术，将游戏带入真实世界，增强玩家的沉浸感。

6. 故事情节和角色扮演

添加故事情节和角色扮演元素，为游戏赋予更多的背景故事和情感因素，使玩家更加投入游戏。

7. 跨平台游戏和社交互动

支持跨平台游戏和社交互动功能，使玩家能够在不同设备上进行游戏，并且与朋友或者其他玩家进行互动。

通过以上创新玩法的思路，可以使"躲猫猫"游戏更加丰富、刺激和具有吸引力，吸引更多的玩家参与其中。

可以看到，一个简单的"躲猫猫"游戏，通过增加多样化的地图和场景、特殊能力和道具、随机事件等，为玩家提供不同的体验，以此来创新玩法，这看起来是很不错的思路。

又如，"消消乐"这种消除游戏一直很火爆，那么如果我们想做一款"大富翁"游戏，但是也想实现"消消乐"那种闯关模式，有没有好的创意思路呢？我们可以使用ChatGPT来提供一些创意设计。编写的提示词如下。

如果要将"大富翁"游戏设计成类似"消消乐"的闯关模式，有哪些创意设计？

ChatGPT 给出的结果如下。

将"大富翁"游戏设计成类似"消消乐"的闯关模式，可以为游戏增添趣味和挑战。以下是一些创意设计：

（1）财富关卡：每个关卡代表一个富翁的财富阶层。玩家需要通过消除方块来获得财富并达到下一个关卡。随着关卡的增加，所需的财富也会增加，使游戏变得更具挑战性。

（2）地产开发：玩家在地图上经营自己的地产，通过消除方块来收集资金用于购买地产和升级房屋。每个关卡代表一个新的地产项目，玩家需要达到一定的收益目标才能过关。

（3）股票交易：玩家可以通过消除方块来获取资金，然后投资股票。每个关卡代表一个市场周期，玩家需要在规定的时间内获得一定的回报来过关。

（4）资源管理：玩家需要通过消除方块来获取资源，然后在地图上建造和升级城市设施。每个关卡代表一个新的城市项目，玩家需要在资源有限的情况下管理好资金和资源来完成任务。

（5）限时挑战：玩家需要在规定的时间内完成特定的任务，例如在限定的回合数内达到一定的财富目标或完成特定的地图任务。

（6）特殊方块和道具：引入不同的特殊方块和道具，例如金币方块可以一次性消除整行或整列方块，钥匙道具可以解锁特定区域的方块，等等，增加游戏的策略性和趣味性。

（7）多样化地图：设计多样化的地图背景和布局，例如城市、乡村、沙漠等，每个地图都有不同的难度和特色。

（8）竞技模式：引入竞技模式，让玩家可以与其他玩家比拼财富积累的速度和策略。

又如，我们想设计一款类似"Grand Theft Auto"的手机游戏，但它不是单纯的赛车游戏，我们希望融入一些"大富翁"的经营策略和开放世界等元素。编写的提示词如下。

设计一款"Grand Theft Auto"，里面包含大富翁的经营策略、开放世界、剧情和任务、动作元素。玩家扮演正义角色，躲避敌人的追捕。

ChatGPT 给出的结果如下。

这是一个初步的设计框架，你可以根据需要进行调整和扩展：

游戏背景设定：

游戏设定在一个拥有丰富资源和机遇的现代大都市中，玩家将扮演一个正义的企业家，在这个城市中经营生意、累积财富，同时与邪恶势力作斗争。

游戏要素：

1. 经营策略

玩家可以选择不同类型的企业进行经营，如房地产公司、科技公司、餐饮公司等。

经营过程中需要考虑市场需求、竞争对手、资源管理等因素。

玩家可以投资、收购其他企业，扩大自己的财富和影响力。

2. 开放世界

游戏地图包含多个区域，每个区域都有其特色和挑战。

玩家可以自由探索城市，发现隐藏的资源点、任务和剧情线索。

3. 剧情和任务

游戏设有主线剧情和支线任务，玩家通过完成任务可以获取奖励和解锁新的内容。

主线剧情围绕着玩家与邪恶势力的对抗展开，玩家需要收集情报、招募盟友，最终打败敌人。

4. 动作元素

玩家在游戏中会遭遇邪恶势力的追捕和袭击，需要逃跑和进行反击。

游戏中可能有一些动作场景，比如追车、搏斗等，增加游戏的紧张感和挑战性。

游戏玩法：

1. 经营模式

玩家可以通过购买土地建设房产、开设企业赚取租金和利润。

需要制定合理的发展计划，投资不同类型的企业，并进行市场调研和战略布局。

2. 探索模式

玩家可以自由探索城市，与 NPC 交互，接受任务。

发现隐藏任务和事件，解锁新的技能和道具。

3. 战斗模式

当玩家被邪恶势力追捕时，进入战斗模式。

玩家可以进行搏斗、使用道具和逃跑，以保护自己的生命和财产。

游戏目标：

打败邪恶势力，拯救城市。

积累一定的财富和声望，成为城市的顶尖企业家。

探索城市的每一个角落，解锁所有的剧情和任务线索。

游戏机制：

经营模式中，玩家需要考虑资金、人才、市场等多方面因素，制定策略以获取最大的利润。

探索模式中，玩家可以通过技能和装备获取更好的探索能力，解锁更多的内容。

战斗模式中，玩家需要灵活运用战术和道具，与敌人对抗，保护自己的生命和财产。

结语：

这样的设计可以为玩家提供丰富的游戏体验，结合经营、探索和动作元素，让玩家沉浸在一个充满挑战和机遇的城市世界中。同时，故事情节的发展和角色的成长也会吸引玩家不断前行，揭开城市背后的更多秘密。

2.3.2 数据驱动的玩法设计

利用大模型可以分析玩家行为数据和游戏内部机制，发现一些潜在的玩法改进点，即通过分析玩家的游戏习惯和偏好，调整游戏的难度和奖励机制，提升游戏的可玩性和趣味性。

针对"躲猫猫"游戏，如何进行数据驱动的玩法设计呢？我们来看看ChatGPT会给出哪些建议。编写的提示词如下。

对于"躲猫猫"游戏，如何分析玩家的游戏习惯和偏好，调整游戏的难度和奖励机制，从而提升游戏的可玩性和趣味性？

ChatGPT给出如下的结果。

要分析玩家的游戏习惯和偏好，并根据这些信息调整游戏的难度和奖励机制以提升游戏的可玩性和趣味性，你可以采取以下方法：

1. 数据收集和分析

收集玩家游戏过程中的各种数据，包括游戏时长、关卡通过时间、失败次数、使用道具等。

分析这些数据，寻找玩家的游戏习惯和偏好。例如，哪些关卡是玩家最常失败的，哪些道具是玩家最常使用的等。

2. 玩家行为分析

通过数据分析工具，如 Google Analytics 或自定义的游戏分析工具，跟踪玩家的行为。

观察玩家在游戏中的行为模式，例如他们的操作方式、关卡选择顺序等。

3. 用户反馈和调查

通过游戏内置的反馈系统或者社交媒体平台，收集玩家的意见和建议。

定期进行玩家调查，了解他们的喜好和不满意之处。

4. 个性化体验

根据对用户的分析结果，提供个性化的游戏体验。例如，根据玩家的游戏习惯和偏好调整关卡难度、道具获得方式、故事情节等。

为玩家提供定制化的游戏内容，让他们感受到游戏开发者在关心他们的需求。

5. 动态调整难度和奖励机制

实时监测玩家在游戏中的表现，并根据其表现调整游戏的难度和奖励机制。

对于表现较好的玩家，可以增加难度；对于表现较差的玩家，可以降低难度或者提供更多的奖励来激励他们继续玩下去。

6. 持续优化和更新

不断收集和分析数据，持续优化游戏体验，保持游戏的新鲜感和可玩性。

定期推出更新和扩展内容，以吸引玩家的注意力并保持他们的参与度。

通过以上方法，你可以更好地理解玩家的游戏习惯和偏好，并根据这些信息调整游戏的难度和奖励机制，从而提升游戏的可玩性和趣味性。

在上述方法中，数据驱动的给表现较好的玩家增加难度，给表现较差的玩家降低难

度的机制，其实在MOBA（Multiplayer Online Battle Arena，多人在线战术竞技游戏）游戏（如"王者荣耀"）中就有应用。当你连续"超神"或"五杀"之后，游戏就会给你匹配战斗力强的对手，让你赢得非常困难。当你"五连败"或"七连败"之后，游戏就会给你匹配人机对手，让你挂机都能赢。游戏虽然进行了一些数据驱动的调整，但是给玩家的体验还是不好，主要原因是人机对手过于明显，玩家很容易发现，所以这方面还需要改进，也就是说，游戏内部这个数据驱动的匹配机制，要做到让玩家看不出来，这样的设计才是好的设计。

2.3.3 游戏平衡性测试

游戏平衡性是指游戏内部各种元素的相互关系和相互影响达到一种稳定状态，使得游戏既具有挑战性又不失公平性和趣味性。平衡性测试是确保游戏平衡性的重要手段之一。

1. 平衡性测试的方法

- 数据分析：通过分析玩家数据和游戏内部数据，发现潜在的平衡性问题和不平衡点。

- 模拟测试：利用模拟工具和大模型技术模拟各种游戏场景和玩家行为，评估游戏的平衡性和稳定性。

- 用户反馈：收集玩家的反馈和意见，发现游戏中存在的平衡性问题并及时调整。

大模型可以分析玩家的游戏数据，评估游戏的平衡性和难度设置是否合理。游戏设计师可以根据大模型的分析结果，对游戏进行动态调整，确保游戏的挑战性和娱乐性。

比如在"躲猫猫"游戏中，如何评估平衡性和难度设置是否合理呢？我们看看ChatGPT能给出哪些建议。编写的提示词如下。

针对"躲猫猫"游戏，如何分析玩家的游戏数据，评估游戏的平衡性和难度设置是否合理？

ChatGPT给出如下结果。

要分析"躲猫猫"游戏的玩家数据以评估游戏的平衡性和难度设置是否合理，你可以考虑以下几个步骤和方法：

（1）收集游戏数据：收集玩家在游戏中的行为数据，包括但不限于游戏时长、关卡通过时间、游戏中失败/成功次数、玩家使用的角色或道具、玩家对不同难度的反应等。

（2）定义评估指标：定义评估游戏平衡性和难度的指标，例如平均通关时间、玩家流失率、特定关卡的通关率、玩家在不同难度下的游戏体验反馈等。

（3）使用数据分析工具：使用数据分析工具（如 Python 中的 pandas、NumPy、Matplotlib 等）来处理和可视化数据，以便更好地理解玩家行为。

（4）玩家行为模式分析：分析玩家的游戏行为模式，例如玩家在特定关卡的通过方式、通关时间的分布、失败次数与游戏体验之间的关系等。

（5）难度评估：评估游戏的难度设置是否合理，可以根据玩家通关率、通关时间、失败次数等指标来判断。如果玩家在同一关卡上遇到困难，并且通关率很低，这可能意味着关卡难度过高。了解玩家在游戏中的学习曲线，评估逐渐增加游戏难度的方式是否符合玩家的适应能力。

（6）平衡性评估：评估游戏中不同角色、道具或者地图的平衡性，确保游戏中的选择具有一定的差异性，不让某种角色或道具过于强大或无用。检查是否有特定策略或者道具能够轻松地破坏游戏平衡，这可能导致不公平的游戏体验。

（7）玩家反馈分析：收集玩家的反馈和意见，可以通过游戏内反馈系统、社交媒体、游戏论坛等渠道获取。分析玩家的意见，了解玩家对游戏难度和平衡性的看法，以及可能的改进建议。

（8）持续迭代和优化：根据数据分析的结果和玩家反馈，持续优化游戏的平衡性和难度设置。可以通过更新游戏内容、调整关卡设计、增加新的游戏机制等方式来改进游戏体验。

综上所述，通过收集和分析玩家数据，结合游戏设计原则和玩家反馈，可以更好地评估"躲猫猫"游戏的平衡性和难度设置是否合理，并进行相应的优化和改进。

正如上文所说，玩家通关率、通关时间、失败次数等都可以作为平衡性测试的一些重要指标。通过这些指标，可以调整关卡难度、关卡怪物数量、怪物的数值属性，让玩家更容易击败怪物。策划也可以设置某一关卡必须要有哪些装备、道具或者英雄等，让玩家必须去做某个活动，来获取对应的装备，以便消耗掉游戏中配置的掉落物。

2. 大模型在平衡性测试中的作用

大模型在平衡性测试中的作用如下。

- 数据分析：大模型可以分析大规模的玩家数据和游戏内部数据，发现潜在的平衡性问题。

- 模拟测试：大模型可以模拟各种游戏场景和玩家行为，评估游戏的平衡性和稳定性。

- 用户反馈：大模型可以分析玩家的反馈和意见，帮助游戏开发者了解游戏中存在的平衡性问题并及时调整。

利用大模型分析玩家数据和游戏内部数据，可以发现一些潜在的平衡性问题，例如某些武器功能过于强大或者某些关卡设计得过于困难。调整游戏内部机制和平衡性参数，可以解决这些问题，提升游戏的平衡性和稳定性。

利用大模型模拟各种游戏场景和玩家行为，可以发现一些不平衡的地方，及时调整游戏的设计和参数，提升游戏的用户体验和可玩性。

利用大模型的强大计算和分析能力，游戏开发者和测试人员能够更好地设计创新的游戏玩法，并确保游戏的平衡性和稳定性。随着大模型技术的不断发展，它将在游戏行业中发挥越来越重要的作用，为玩家带来更加丰富和有趣的游戏体验。

第3章

大模型在游戏程序开发中的应用

3.1　代码自动生成和修复

游戏程序开发是一个复杂而又充满挑战的过程，需要游戏开发者投入大量的时间和精力来编写、调试和测试代码。随着 AI 技术的发展，尤其是大模型技术的发展，游戏开发者现在可以利用这些技术来改善他们的工作流程，特别是在代码自动生成和修复方面。本节将探讨大模型技术在游戏程序开发中的应用，重点关注如何利用这些技术来提高开发效率、减少错误，并改善游戏体验。

游戏程序开发涉及许多方面，包括图形渲染、物理引擎、AI、网络编程等。每个方面都需要游戏开发者编写大量的代码来实现所需的功能。然而，编写高质量的代码是一项复杂的任务，常常出错，尤其是在面对复杂的系统和紧张的开发时间时。

大模型，特别是基于自然语言处理的模型（如 GPT-4o），已经在许多领域展现出了惊人的能力。在游戏程序开发中，大模型可以被用来自动生成代码、修复代码等。

3.1.1　代码自动生成

ChatGPT 能方便地查询代码接口或者编写简单用例，而 GitHub Copilot 可以实现代码自动生成和补全，二者配合使用，能够极大地提高代码的编写效率。例如，现在要对某个 float 类型的值进行向上取整操作。如果我们忘记了哪个函数可以实现这个操作，可以使用 ChatGPT 来生成一段示例代码。编写的提示词如下。

编写 C# 代码对 float 类型的值进行向上取整，给出具体示例。

注：方法、函数和接口有时指的是一个概念。

ChatGPT 给出的结果如下。

在 C# 中，你可以使用 "Math.Ceiling()" 方法来对 float 类型的数字进行向上取整。这个方法会返回不小于所提供参数的最小整数值。

以下是一个示例代码：

```
using System;

class Program
{
    static void Main(string[] args)
    {
        float number = 3.14f;
        float roundedNumber = (float)Math.Ceiling(number);
        Console.WriteLine("Original number: " + number);
        Console.WriteLine("Rounded number: " + roundedNumber);
    }
}
```

在这个示例中，"Math.Ceiling()"方法将 3.14 向上取整为 4.0，并将结果存储在"roundedNumber"变量中。

如果我们一时想不起某个排序算法是如何实现的，也可以使用 ChatGPT 来实现。编写的提示词如下。

请使用 C# 来实现冒泡排序算法。

ChatGPT 给出的结果如下。

以下是使用 C# 编写的冒泡排序算法示例：

```
using System;
class BubbleSort {
    static void Main(string[] args) {
        int[] arr = { 64, 34, 25, 12, 22, 11, 90 };
        Console.WriteLine(" 原始数组： ");
        PrintArray(arr);
        Console.WriteLine(" 排序后的数组： ");
        BubbleSortArray(arr);
        PrintArray(arr);
    }
    static void BubbleSortArray(int[] arr) {
        int n = arr.Length;
        for (int i = 0; i < n - 1; i++) {
            for (int j = 0; j < n - i - 1; j++) {
                if (arr[j] > arr[j + 1]) {
                    // 交换 arr[j] 和 arr[j+1]
                    int temp = arr[j];
                    arr[j] = arr[j+1];
                    arr[j + 1] = temp;
```

```
        }
      }
    }
  }
  static void PrintArray(int[] arr) {
    foreach (var item in arr) {
      Console.Write(item + " ");
    }
    Console.WriteLine();
  }
}
```

这个程序会输出数组的原始状态，然后调用"BubbleSortArray()"函数进行排序，最后输出已排序的数组。

如果是新手程序员，可能看不懂上述冒泡排序算法，或者不了解算法的原理，那么，我们可以使用 ChatGPT 来翻译上述代码。我们将代码输入 ChatGPT，并询问代码的含义。编写的提示词如下。

```
static void BubbleSortArray(int[] arr) {
  int n = arr.Length;
  for (int i = 0; i < n – 1; i++) {
    for (int j = 0; j < n – i – 1; j++) {
      if (arr[j] > arr[j + 1]) {
        // 交换 arr[j] 和 arr[j+1]
        int temp = arr[j];
        arr[j] = arr[j+1];
        arr[j + 1] = temp;
      }
    }
  }
}
```

请翻译一下上面的代码，它是什么意思？

ChatGPT 给出的结果如下。

这段代码是一个经典的冒泡排序算法的实现，用于对整数数组进行排序。

具体而言，这段代码的作用是对输入的整数数组 arr 进行排序。冒泡排序的基本思想是，从数组的第一个元素开始，依次比较相邻的两个元素，如果它们的顺序不正确（比如说前面的元素大于后面的元素），就交换它们的位置，直到将最大的元素移到数组的末尾。这样一次遍历后，数组中最大的元素就被放置到了正确的位置。然后，重复这个过程，继续对剩余的元素进行相同的操作，直到整个数组都被排序好。

具体实现中，代码中的两个嵌套的 for 循环用于遍历数组，并通过比较相邻元素的值来进行交换，直到整个数组都被遍历完毕且没有需要交换的元素为止。

上述演示的是 ChatGPT 的一些简单使用案例，下面介绍 GitHub Copilot 的使用。由于 GitHub Copilot 是收费的，并且以插件的形式在 Rider、Visual Studio Code、Visual Studio 等的软件商店里购买后才能使用，因此，这里仅做简单介绍。使用 GitHub Copilot 账号登录后，每当你写代码的时候，GitHub Copilot 插件会自动在你的代码后面，预测出你要写的代码并且用灰色显示，当你需要这些代码的时候，只需按 Tab 键，这些代码就会从灰色状态变成正常代码出现在当前光标位置。当你输入某个函数名之后，GitHub Copilot 插件会自动生成函数内容，如图 3-1 所示。

图3-1　GitHub Copilot自动生成函数内容

1. 游戏逻辑生成

游戏逻辑是游戏程序中最核心的部分之一，涉及游戏世界的规则、角色的行为、任务的设计等。通常，游戏开发者需要手动编写大量的代码来实现游戏逻辑，不仅费时费力，而且容易出错。

利用大模型技术，游戏开发者可以使用自然语言描述游戏逻辑，然后由大模型生成相应的代码。例如，游戏开发者描述一个角色的行为规则，包括移动、攻击、防御等的规则，然后大模型可以生成相应的代码来实现这些行为。编写的提示词如下。

一个角色拥有移动、攻击、防御等行为，请实现这些行为规则，给出 C# 代码示例。

ChatGPT 给出的结果如下。

以下是一个简单的 C# 代码示例，演示了角色移动、攻击、防御等行为的规则：

```csharp
using System;
// 定义角色类
public class Character
{
    // 角色属性
    public string Name { get; set; }
    public int Health { get; set; }
    public int AttackPower { get; set; }
    public int DefensePower { get; set; }
    // 构造函数
    public Character(string name, int health, int attackPower, int defensePower)
    {
        Name = name;
        Health = health;
        AttackPower = attackPower;
        DefensePower = defensePower;
    }
    // 移动行为
    public void Move(string direction)
    {
        Console.WriteLine($"{Name} 向 {direction} 移动。");
    }
    // 攻击行为
    public void Attack(Character target)
    {
        int damageDealt = AttackPower − target.DefensePower;
        if (damageDealt > 0)
        {
            target.Health −= damageDealt;
            Console.WriteLine($"{Name} 对 {target.Name} 造成了 {damageDealt} 点伤害。");
        }
        else
        {
            Console.WriteLine($"{Name} 的攻击没有造成伤害。");
        }
    }
    // 防御行为
```

```
    public void Defend()
    {
        Console.WriteLine($"{Name} 采取了防御措施。");
    }
}
class Program
{
    static void Main(string[] args)
    {
        // 创建两个角色
        Character player = new Character(" 玩家 ", 100, 20, 10);
        Character enemy = new Character(" 敌人 ", 80, 15, 5);
        // 执行行为
        player.Move(" 前方 ");
        enemy.Attack(player);
        player.Defend();
        enemy.Move(" 后方 ");
        player.Attack(enemy);
        enemy.Defend();
        // 输出角色状态
        Console.WriteLine($"{player.Name} 的剩余生命值：{player.Health}");
        Console.WriteLine($"{enemy.Name} 的剩余生命值：{enemy.Health}");
    }
}
```

在这个示例中，"Character" 类表示一个角色，具有名字、生命值、攻击力和防御力等属性。它有移动、攻击和防御等行为方法。在 "Main" 方法中，创建了两个角色并模拟了它们之间的交互行为，最后输出角色的状态。

可以看出，ChatGPT 只是完成了一个简单的实现，如果后面增加其他行为，不易扩展。我们让 ChatGPT 使用 ECS 框架来实现。编写的提示词如下。

一个角色拥有移动、攻击、防御等行为，请使用 ECS 框架设计并实现这些行为规则，给出 C# 代码示例。

ChatGPT 给出如下结果。

ECS（Entity-Component-System）是一种游戏开发框架，它将游戏对象分解为实体（Entity）、组件（Component）和系统（System）。下面是一个简单的示例，演示了如何使用 ECS 框架设计和实现移动、攻击和防御行为的规则：

```
using System;
using System.Collections.Generic;
```

```csharp
// 定义组件
public class MoveComponent
{
    public float Speed { get; set; }
}
public class AttackComponent
{
    public int AttackDamage { get; set; }
}
public class DefenseComponent
{
    public int DefenseValue { get; set; }
}
// 定义实体
public class Entity
{
    public List<object> Components { get; set; }

    public Entity()
    {
        Components = new List<object>();
    }
}
// 定义系统
public class MovementSystem
{
    public void Update(Entity entity)
    {
        foreach (var component in entity.Components)
        {
            if (component is MoveComponent moveComponent)
            {
                // 实现移动逻辑
                Console.WriteLine("Moving with speed：" + moveComponent.Speed);
            }
        }
    }
}
public class AttackSystem
{
    public void Update(Entity entity)
    {
        foreach (var component in entity.Components)
        {
            if (component is AttackComponent attackComponent)
            {
                // 实现攻击逻辑
```

```
            Console.WriteLine("Attacking with damage：" + attackComponent.AttackDamage);
        }
    }
}
public class DefenseSystem
{
    public void Update(Entity entity)
    {
        foreach (var component in entity.Components)
        {
            if (component is DefenseComponent defenseComponent)
            {
                // 实现防御逻辑
                Console.WriteLine("Defending with value：" + defenseComponent.DefenseValue);
            }
        }
    }
}
class Program
{
    static void Main(string[] args)
    {
        // 创建实体
        Entity player = new Entity();

        // 添加组件
        player.Components.Add(new MoveComponent { Speed = 10.0f });
        player.Components.Add(new AttackComponent { AttackDamage = 20 });
        player.Components.Add(new DefenseComponent { DefenseValue = 15 });
        // 创建系统
        MovementSystem movementSystem = new MovementSystem();
        AttackSystem attackSystem = new AttackSystem();
        DefenseSystem defenseSystem = new DefenseSystem();

        // 更新系统
        movementSystem.Update(player);
        attackSystem.Update(player);
        defenseSystem.Update(player);
    }
}
```

在这个示例中，我们定义了三种组件：移动（MoveComponent）、攻击（AttackComponent）、防御（DefenseComponent）。实体（Entity）是组件的容器。系统（System）负责处理实体上的特定组件并执行相应的行为。

ChatGPT 给出的使用 ECS 框架实现的设计基本满足需求，后续若增加跳跃行为，只需要增加一个跳跃组件和跳跃系统即可。

2. 界面（UI）生成

游戏界面的设计是一项耗时的任务，需要美术师和游戏开发者密切合作来完成。大模型技术可以简化这个设计过程，通过生成 UI 布局、样式和交互代码来加速开发流程。游戏开发者可以通过描述界面需求，比如是否有按钮、文本框、菜单等，让模型自动生成相应的代码。

例如对于一个常见的登录界面，通常有选服菜单、用户名输入框、密码输入框、登录按钮这 4 个元素，我们使用 ChatGPT 来生成相应的代码，编写的提示词如下。

用 Unity 开发游戏，在一个登录界面中有选服菜单、用户名输入框、密码输入框、登录按钮这 4 个元素，请生成相应的 C# 代码。

ChatGPT 给出的结果如下。

以下是一个简单的 Unity C# 脚本，用于处理登录界面中的选服菜单、用户名输入框、密码输入框、登录按钮：

```
using UnityEngine;
using UnityEngine.UI;
public class LoginManager ： MonoBehaviour
{
    public Dropdown serverDropdown;
    public InputField usernameInput;
    public InputField passwordInput;
    public Button loginButton;
    private void Start()
    {
        // 添加登录按钮点击事件监听器
        loginButton.onClick.AddListener(OnLoginButtonClick);
    }
    private void OnLoginButtonClick()
    {
        // 获取用户输入的信息
        string selectedServer = serverDropdown.options[serverDropdown.value].text;
        string username = usernameInput.text;
        string password = passwordInput.text;
        // 在此处编写连接服务器等
        // 这里只是一个简单的示例，你需要根据实际需求进行修改
        // 输出用户输入的信息（仅用于示例）
```

```
        Debug.Log("Server：" + selectedServer);
        Debug.Log("Username：" + username);
        Debug.Log("Password：" + password);

        // 在这里可以编写登录逻辑，例如验证用户名和密码等
    }
}
```

请确保将这个脚本附加到登录界面的游戏对象上，并将对应的 UI 元素（如选服菜单、用户名输入框、密码输入框、登录按钮）拖曳到脚本中的对应字段中。

ChatGPT 生成了登录界面所需的 4 个 UI 组件，同时也帮我们绑定了点击登录按钮的事件回调函数，在事件回调函数里面添加登录逻辑即可。可以看出，大部分的逻辑都是可用的，能够帮助游戏开发者节省大量的编码时间。

3.1.2 代码修复

在游戏程序开发中，经常需要使用各种数据结构和算法来实现复杂的功能，比如路径搜索、碰撞检测、AI 决策等。大模型技术可以帮助游戏开发者快速生成这些数据结构和算法的实现代码，从而加速开发过程并减少错误。除了自动生成代码，大模型技术还可以帮助游戏开发者识别和修复代码中的错误。在任何游戏项目中，代码的质量和稳定性对于游戏的成败至关重要。然而，即使是经验丰富的游戏开发者也难免会犯错，特别是在复杂系统的开发中。

1. 错误识别

利用大模型技术，游戏开发者可以将代码输入 ChatGPT，通过 ChatGPT 来识别代码错误，如潜在的内存泄露、空指针引用、未处理的异常等，并在代码提交到版本控制系统之前修复它们，从而提高代码的质量和稳定性。

我们编写一个测试用例发送给 ChatGPT 来测试一下。编写的提示词如下。

```
using System;
class Program
{
    static void Main(string[] args)
    {
        try
        {
            // 内存泄露
```

```
        while (true)
        {
            // 创建一个对象但不释放引用，导致内存泄露
            var obj = new Object();
        }
    }
    catch (OutOfMemoryException ex)
    {
        Console.WriteLine(" 内存已耗尽：" + ex.Message);
    }
    // 空指针引用
    string nullString = null;
    try
    {
        // 尝试使用空指针调用方法
        Console.WriteLine(nullString.Length);
    }
    catch (NullReferenceException ex)
    {
        Console.WriteLine(" 空指针引用：" + ex.Message);
    }
    // 未处理的异常
    try
    {
        // 数组越界异常
        int[] array = new int[5];
        Console.WriteLine(array[10]);
    }
    // 未捕获的异常将导致程序崩溃
    finally
    {
        Console.WriteLine(" 程序终止 ");
    }
    }
}
```

上面的函数有错误吗？如果有，请指出来。

ChatGPT 给出的结果如下。

以上代码存在一些错误和潜在的问题，我将逐一指出：

（1）内存泄露：在 "while (true)" 循环中，创建了新的 "Object" 对象，但是没有释放引用。这会导致内存泄露问题，因为每次迭代都会创建新的对象，但无法访问旧对象以释放其内存。需要手动释放对象引用，或者考虑使用 "using" 语句块自

动释放资源。

（2）空指针引用：在"nullString.Length"中，"nullString"是一个空指针，尝试访问其属性"Length"会引发"NullReferenceException"。应该在使用前检查对象是否为"null"。

（3）未处理的异常：在"try"块中的代码抛出了"IndexOutOfRangeException"，但是没有相应的"catch"块来处理它。即使有"finally"块，在发生未捕获的异常时，程序仍会崩溃。建议添加适当的异常处理程序。

可以看出，ChatGPT基本上指出了代码中存在的错误和潜在的问题。现实中，有很多类似的应用场景。比如，你自己写了一段代码，QA（Quality Assurance，质量保证）测试出很多bug，但是你并不知道问题在哪儿，这时，你可以将这段代码发给ChatGPT，让它帮你查看是否有异常情况。又如，我们接手了别人的代码，但我们看不懂代码的逻辑，这时，我们就可以将其发给ChatGPT，让它帮我们厘清代码逻辑，这样也方便我们进行代码维护。

2. 潜在问题和限制

尽管大模型技术在游戏程序开发中有巨大的潜力，但它也存在一些潜在的问题和限制。大模型技术的性能很大程度上取决于训练数据的质量和多样性。如果训练数据不够丰富或者存在偏差，模型可能会产生不准确的结果，甚至是错误的建议。因此，游戏开发者需要确保使用高质量的数据来训练模型，以提高其性能和准确性。

大模型技术通常是基于文本数据进行训练的，因此可能无法很好地理解特定领域的上下文和背景知识。在游戏程序开发中，有时需要具备特定领域的专业知识才能正确理解和处理问题。因此，游戏开发者需要谨慎使用模型的建议，并在必要时进行人工审查和修正。

使用大模型技术可能涉及安全性和隐私方面的风险。特别是在处理敏感数据或者涉及用户隐私的情况下，游戏开发者需要采取适当的措施来保护数据的安全性和隐私性，避免敏感信息泄露或者被恶意利用。

总的来说，大模型技术在游戏程序开发中有巨大的潜力，特别是在代码自动生成和修复方面。通过利用大模型技术，游戏开发者可以加速开发流程、提高代码质量、改善游戏体验。然而，游戏开发者也需要意识到这些技术的局限性，并采取相应的措施来应对挑战和风险。随着AI技术的不断发展和进步，大模型技术将在游戏程序开发领域发挥越来越重要的作用，为游戏程序开发带来更多的创新和机会。

3.2 游戏AI设计

随着 AI 和大模型技术的不断发展，游戏开发者和设计师开始探索如何将这些技术应用于游戏程序开发的各个方面。游戏 AI 设计是游戏程序开发中的一个重要领域，它直接影响着游戏的可玩性和挑战性。本节将探讨大模型技术在游戏 AI 设计中的应用。

游戏 AI 的发展历程可以追溯到早期，以著名的"超级马力欧兄弟"游戏为例，马力欧在移动中遇到的小怪 AI 就是来回移动的，那时的游戏 AI 通常被设计得很简单且是可预测的，只能执行有限的动作。随着硬件和软件技术的进步，游戏 AI 逐渐变得复杂和智能化。现代游戏中的游戏 AI 可以表现出更加复杂的行为模式，以适应玩家的各种策略，并提供更加真实的游戏体验。

近年来，大模型技术通过海量数据的训练可以学习复杂的模式和规律，并在各种任务中取得了令人瞩目的成绩。其中，BERT、GPT-4o 等模型成为大模型技术的代表，它们在自然语言处理、图像识别等领域取得了巨大成功。所以，大模型技术能够应用于游戏 AI 设计的自然语言交互系统改进、游戏内容生成、行为预测与优化、游戏 AI 的学习与适应能力、情感识别与表达等方面。

3.2.1 自然语言交互系统改进

大模型技术可被用于改进游戏中的自然语言交互系统。通过结合自然语言处理技术和大模型，游戏可以更好地理解玩家的指令和意图，并做出更加智能的回应。大模型技术可以使得游戏中的对话更加生动、玩家与 NPC 之间的互动更加自然。接下来，我们可以利用大模型技术来改进游戏中的自然语言交互系统。

- 更大规模的数据集：使用更大规模、更多样化的数据集训练模型，提高大模型的语言理解和生成能力。

- 更深层次的架构：使用更深层次的神经网络架构，例如增加了模型层数的架构或采用了更先进技术的架构，提高模型的表达能力。

- 特定领域的微调：在特定领域内进行微调，提高模型在特定主题或行业中的性能。

- 上下文感知：加强模型对上下文的理解，使模型能更好地处理复杂的对话和多轮交互。

- 用户反馈机制：收集用户反馈，并使用这些反馈来改进模型，例如纠正模型在特定情境下的错误理解。

■ 多模态输入支持：增加对多模态输入（如文本、图像、语音等）的支持，提供更丰富的交互方式。

■ 对抗训练：使用对抗训练技术来提高模型对攻击和误导性输入的鲁棒性。

■ 逐步生成策略：改进生成策略，逐步生成更加准确和连贯的回复，避免生成不合理或冗长的内容。

■ 个性化和用户建模：实现更好的个性化建模，以理解和适应用户的个性，提供更个性化的交互体验。

■ 可解释性：提高模型的可解释性，使用户更容易理解模型的决策过程，这有助于建立信任。

上述这些改进可以单独或组合使用，这取决于特定的应用场景和目标。持续推动大模型技术的研究和开发，并结合多个方面的技术，有助于不断提高自然语言交互系统的性能和用户体验。

3.2.2　游戏内容生成

大模型技术可被用于生成游戏中的各种内容，包括地图、任务、对话等。通过训练大模型，游戏开发者可以生成具有一定逻辑和连贯性的游戏内容，从而丰富游戏的玩法和体验。例如，可以使用生成式模型来生成具有情节的任务，使游戏的可玩性大大增强。

游戏程序开发中的大部分工作都是与 UI 系统相关的。我们以一个常见的模型展示界面为例，编写的提示词如下。

用 Unity 开发游戏，有一个模型展示界面、一个滚动列表，每次点击列表的人物图片，模型都会切换到新的模型，给出 C# 代码示例。

ChatGPT 给出的结果如下。

以下是一个简单的 Unity C# 代码示例，展示如何实现一个模型展示界面和一个滚动列表，其中每次点击列表中的人物图片，模型都会切换到新的模型。

首先，创建一个 C# 脚本并将其附加到一个空物体上，该脚本命名为"CharacterSwitcher.cs"：

```
using UnityEngine;
using UnityEngine.UI;

public class CharacterSwitcher : MonoBehaviour
{
    // 模型列表
    public GameObject[] characterModels;
    // 滚动列表中的按钮
    public Button[] characterButtons;
    // 当前显示的模型索引
    private int currentModelIndex = 0;
    void Start()
    {
        // 添加每个按钮的点击事件监听器
        for (int i = 0; i < characterButtons.Length; i++)
        {
            int index = i; // 保存当前索引，防止闭包问题
            characterButtons[i].onClick.AddListener(() => SwitchCharacter(index));
        }

        // 初始化并显示第一个模型
        SwitchCharacter(0);
    }
    // 切换模型
    void SwitchCharacter(int index)
    {
        // 隐藏当前模型
        characterModels[currentModelIndex].SetActive(false);

        // 显示新模型
        characterModels[index].SetActive(true);
        // 更新当前模型索引
        currentModelIndex = index;
    }
}
```

确保在 Unity 中有一个 UI Canvas 对象，并在其下有一个滚动列表，该列表包含一系列按钮，每个按钮代表一个人物图片。然后，将脚本"CharacterSwitcher.cs"拖放到场景中的一个空对象上，在 Inspector 窗口中设置脚本的公共字段：

- "characterModels"：将包含不同模型的游戏对象拖放到这个数组中。

- "characterButtons"：将滚动列表中的按钮拖放到这个数组中。

这样，当你点击滚动列表中的不同按钮时，模型会切换到对应的模型。

确保在使用此代码时，每个按钮的索引与模型数组中的模型对应。

实际应用时，结合项目的具体情况，对上述代码进行相应的修改，就可以使用了。

3.2.3　行为预测与优化

大模型技术可以用于预测玩家的行为，并根据预测结果优化游戏体验。通过分析玩家的游戏数据和行为模式，大模型技术可以预测玩家可能的下一步动作，并提前做出相应的调整。这种技术可以使游戏更加智能化，更加符合玩家的需求。

编写的提示词如下。

如何在 Unity 中使用 C# 代码实现一个简单的基于状态的 AI，来预测玩家的下一步动作并做出相应的调整？

ChatGPT 给出如下结果。

在 Unity 中实现一个简单的基于状态的 AI 来预测玩家的下一步动作并做出相应的调整，可以遵循以下步骤：

（1）定义状态：首先，你需要定义你的 AI 可以处于的不同状态。例如，可以定义状态为"等待玩家行动""追逐玩家""逃离玩家"等。

（2）实现状态机：在 C# 中，你可以使用枚举、类或者接口来表示不同的状态。然后，你可以使用状态机来管理这些状态之间的转换。你可以使用 if 语句、switch 语句或者更复杂的状态机库来实现状态机。

（3）获取玩家输入：在预测玩家下一步动作之前，你需要获取玩家当前的输入。你可以使用 Unity 的 Input 类来检测玩家的键盘、鼠标或者手柄输入。

（4）预测玩家下一步动作：根据玩家的当前状态和输入，你可以使用一些简单的规则、机器学习模型或其他算法来预测玩家的下一步动作。例如，如果玩家的输入表明他们在朝着某个方向移动，你可以预测他们会继续朝着那个方向移动。

（5）做出相应的调整：根据你的预测结果，你可以调整 AI 的行为。例如，如果预测玩家会朝着某个方向移动，你可以让 AI 朝着相反的方向移动，或者采取其他的行动来应对玩家的行为。

下面是一个简单的代码示例，用于在 Unity 中实现一个基于状态的 AI：

```
using UnityEngine;
public class SimpleAI : MonoBehaviour
{
    public enum AIState
    {
        Idle,
        Chase,
        Flee
    }
    public AIState currentState;
    private GameObject player;
    void Start()
    {
        player = GameObject.FindGameObjectWithTag("Player");
        currentState = AIState.Idle;
    }
    void Update()
    {
        switch (currentState)
        {
            case AIState.Idle:
                // 在待机状态下，可以等待玩家行动或执行其他逻辑
                break;
            case AIState.Chase:
                // 追逐玩家的逻辑
                transform.position = Vector3.MoveTowards(transform.position, player.transform.position, Time.
                deltaTime * 2f);
                break;
            case AIState.Flee:
                // 逃离玩家的逻辑
                transform.position = Vector3.MoveTowards(transform.position, −player.transform.position, Time.
                deltaTime * 2f);
                break;
        }

        // 检查玩家的位置和状态，并根据需要更新 AI 状态
        UpdateAIState();
    }
    void UpdateAIState()
    {
        if (player.transform.position.x > transform.position.x)
        {
            currentState = AIState.Chase;
        }
        else
        {
```

```
        currentState = AIState.Flee;
    }
  }
}
```

在这个示例中，AI 有三种状态：Idle（空闲）、Chase（追逐）、Flee（逃离）。根据玩家的位置，AI 会在追逐和逃离之间切换状态。在 UpdateAIState() 方法中，根据玩家相对于 AI 的位置来更新 AI 的状态。在 Update() 方法中，根据当前状态执行相应的逻辑。

这只是一个简单的示例，实际上，你可以根据自己的需求来扩展和改进这个示例。

3.2.4　游戏AI的学习与适应能力

大模型技术可以用于提高游戏 AI 的学习和适应能力。传统的游戏通常是基于预先设定的规则和策略进行操作的，缺乏灵活性和自适应能力。而利用大模型技术，游戏 AI 可以通过不断地学习和训练来改进自己的策略，适应不同的游戏环境和玩家行为。

3.2.5　情感识别与表达

大模型技术可以用于实现游戏角色的情感识别与表达。通过分析玩家的语音和表情，大模型技术可以判断玩家的情绪状态，并做出相应的回应。这种技术可以使游戏更具有交互性、玩家与游戏角色之间的情感联系更加紧密。

3.3　实时问题诊断与性能优化

游戏程序开发不仅需要考虑游戏的内容和玩法，还需要关注游戏的性能和稳定性。如果一款游戏经常出现设备发热、闪退、黑屏等问题，那么玩家会很快流失，因此游戏的性能和稳定性非常重要。本节将探讨大模型技术在游戏程序开发中的实时问题诊断与性能优化方面的应用。现代游戏的复杂度越来越高，涉及图形渲染、物理模拟、AI、网络通信等多个方面。大模型技术能够帮助游戏开发者实现实时问题诊断与性能优化，从而提升游戏的质量和用户体验。

3.3.1　日志分析

大模型技术可以分析游戏生成的日志数据，识别出潜在的问题和异常情况，帮助游戏开发者及时发现并解决问题。大模型前期收集游戏生成的日志数据，包括玩家行为、系统事件、错误日志等。然后去除重复、缺失或无效的数据，确保数据的一致性和准确性。从日志数据中提取关键特征，例如玩家行为频率、游戏内的交互、关键事件的时间戳等。将日志数据转换为可供模型处理的格式，可能需要进行特征缩放、编码等操作。使用已标记的数据对模型进行训练，使其能够识别出正常和异常的模式。使用训练好的模型对新的日志数据进行预测，识别出与预期模式不符的行为或事件，这些可能是潜在的异常。根据异常检测的结果，识别出可能存在的问题，例如服务器负载过高、游戏频繁崩溃、玩家异常行为等。

我们可以使用 ChatGPT 来罗列一些常见的崩溃日志信息，编写的提示词如下。

请列举出一些常见的崩溃日志信息。

ChatGPT 给出如下结果。

崩溃日志信息可以是各种不同类型的错误或异常，取决于应用程序的类型、平台和环境。以下是一些常见的崩溃日志信息示例：

（1）空指针异常（NullPointerException）：在 Java 或类似语言中，当代码尝试访问一个空对象的属性或调用空对象的方法时抛出的异常。

（2）数组越界异常（ArrayIndexOutOfBoundsException）：当尝试访问数组中不存在的索引时抛出的异常。

（3）内存访问错误（Segmentation Fault）：通常在 C、C++ 或其他高级语言的代码中出现，表示程序尝试访问未分配给它的内存地址。

（4）栈溢出（Stack Overflow）：当递归函数调用层次过深或者函数调用栈过大时，会导致栈溢出。

（5）死锁（Deadlock）：多个线程或进程相互等待对方所持有的资源而无法继续执行的情况。

（6）越界访问异常（Index Out of Bounds Exception）：在访问数组、列表或集合等数据结构时，试图访问超出其边界的元素引发的异常。

（7）未捕获的异常（Uncaught Exception）：在代码中未被适当处理的异常，导致程序异常终止。

（8）类型转换异常（ClassCastException）：在 Java 中，当尝试将一个对象强制转换成不兼容的类型时抛出的异常。

（9）文件不存在异常（File Not Found Exception）：在尝试打开或操作不存在的文件时抛出的异常。

（10）数据库连接异常（Database Connection Exception）：当应用程序无法建立或丢失与数据库的连接时发生的异常。

（11）网络连接超时异常（Network Timeout Exception）：当网络请求耗费的时间超过了预设的超时时间时抛出的异常。

（12）内存泄露（Memory Leak）：在应用程序中分配的内存未被正确释放，导致系统资源耗尽或性能下降。

这些是常见的崩溃日志信息，但实际情况可能会因为编程语言、应用程序类型和环境等因素而有所不同。

将上述关键信息标注出来，对模型进行训练，最后将模型识别出的问题反馈给相应的团队，例如开发团队、运维团队等，以便他们及时进行处理和优化。利用数据可视化工具展示异常情况和问题，使团队成员能够直观地理解数据分析结果。定期生成报告，汇总日志数据分析结果，包括发现的问题、解决方案和优化建议，与相关团队分享。建立实时监控系统，持续监测游戏日志数据，及时发现异常情况。设置预警机制，当发现异常情况时及时通知相关人员，以便采取相应措施。

3.3.2　实时监控

利用大模型技术实时监控游戏运行状态，包括帧率、内存占用、CPU占用等指标，以便及时发现性能问题并采取相应措施。利用深度学习技术构建异常检测模型，识别游戏运行过程中的异常行为，帮助游戏开发者快速定位并解决问题。

构建异常检测模型以识别游戏运行过程中的异常行为是一个复杂的任务，需要综合考虑游戏特性、采集数据、异常定义以及选择的机器学习模型等因素。

- 采集数据：采集游戏运行时的数据。这可能包括玩家的操作、游戏状态、游戏事件等。这些数据可以通过游戏客户端、服务器或者其他方式采集。

- 数据预处理：对于采集到的数据，需要进行预处理，包括数据清洗、特征提取等，以确保数据格式符合模型的输入要求，并且可以提取出有用的特征用于异常检测。

- **异常定义**：什么样的行为被定义为异常是很重要的。这可以根据游戏的规则、历史数据以及专家知识来定义。比如，某个玩家在短时间内获得了大量的游戏币，这可能被认为是异常行为。

- **机器学习模型**：在 C# 中，可以使用一些机器学习库来构建异常检测模型，比如 ML.NET。常见的异常检测算法包括基于统计的方法、基于聚类的方法、基于密度的方法，以及基于机器学习的方法（比如基于神经网络的方法）。需要根据采集的数据和项目需求选择合适的算法。

- **训练模型**：使用预处理后的数据训练异常检测模型。在训练过程中，可以使用已经标记的异常数据进行有监督学习，也可以使用无标记的数据进行无监督学习。

- **模型评估与优化**：对训练好的模型进行评估，并根据评估结果进行模型的优化。

- **实时检测**：将训练好的模型集成到游戏系统中，实时检测游戏运行过程中的异常行为，并对发现的异常行为采取相应的措施，比如记录日志、发送警报等。

我们让 ChatGPT 使用 ML.NET 来进行异常检测，编写的提示词如下。

请给出使用 ML.NET 的异常检测模型，能在 Unity 中使用的，给出 C# 代码。

ChatGPT 给出的结果如下。

ML.NET 是一个跨平台、开源的机器学习框架，可以用于训练和部署各种机器学习模型。在 Unity 中使用 ML.NET，你需要将 ML.NET 库添加到你的 Unity 项目中，并编写 C# 代码来加载和使用 ML.NET 的异常检测模型。

假设你已经在你的 Unity 项目中添加了 ML.NET 库，并且已经训练了一个异常检测模型。以下是一个简单的代码示例，展示了如何在 Unity 中加载并使用 ML.NET 的异常检测模型：

```csharp
using UnityEngine;
using System.Collections;
using System.IO;
using System;
using System.Linq;
using Microsoft.ML;
using Microsoft.ML.Data;
public class MLNetAnomalyDetection : MonoBehaviour
{   // 路径指向你的 ML.NET 模型文件
    public string modelPath;
    private PredictionEngine<AnomalyData, AnomalyPrediction> predictionEngine;
```

```
   void Start()
   {
      // 初始化 MLContext
      MLContext mlContext = new MLContext();

      // 加载模型
      ITransformer mlModel = mlContext.Model.Load(modelPath, out var modelInputSchema);

      // 创建预测引擎
      predictionEngine = mlContext.Model.CreatePredictionEngine<AnomalyData, AnomalyPrediction>
(mlModel);

      // 测试用例，在这里你需要提供适当的输入数据
      AnomalyData sampleData = new AnomalyData
      {
         Feature1 = 0.2f,
         Feature2 = 0.5f,
         Feature3 = 0.1f
      };
      // 进行预测
      AnomalyPrediction prediction = predictionEngine.Predict(sampleData);
      // 输出预测结果
      Debug.Log($"Predicted Label：{prediction.Prediction}, Anomaly Score：{prediction.AnomalyScore}");
   }
   // 定义输入数据结构
   public class AnomalyData
   {
      [LoadColumn(0)]
      public float Feature1;
      [LoadColumn(1)]
      public float Feature2;

      [LoadColumn(2)]
      public float Feature3;
   }
   // 定义输出数据结构
   public class AnomalyPrediction
   {
      [VectorType(3)]
      public float[] Prediction { get; set; }

      public float AnomalyScore { get; set; }
   }
}
```

在这个示例中，假设你已经训练了一个使用三个特征的异常检测模型。你需要将
"modelPath"设置为你保存的 ML.NET 模型文件的路径。然后，你可以在"Start()"方
法中加载模型，并使用"Predict()"方法进行预测。在"AnomalyData"类中定义了输

入数据的结构，在"AnomalyPrediction"类中定义了预测结果（输出数据）的结构。

请注意，在实际项目中，你需要根据你的具体模型和数据结构进行适当的调整和修改。

正如上述 ChatGPT 给出的结果的最后一句话所述，具体的模型和数据结构需要进行适当的调整和修改。

3.3.3 性能优化

深度学习是大模型技术的核心，它通过多层次的神经网络模拟人类的神经系统，实现对数据的学习和理解。大数据技术可用于处理海量数据，并为深度学习模型提供丰富的训练数据。因此，我们可以利用大模型来优化游戏性能。

性能优化是提升游戏流畅度和响应速度的关键。大模型技术可以帮助游戏开发者实现以下性能优化。

- 图形渲染优化：利用深度学习模型对图形渲染进行优化，提高渲染效率和质量、降低 GPU 负载、提升帧率。比如，对场景中的物体进行动态优化，根据玩家视线和距离动态调整物体的渲染细节和质量。

- 网络通信优化：利用大数据分析用户行为和网络数据，优化网络通信协议和算法，降低网络延迟和丢包率，提升网络性能。

- 内存管理优化：利用大模型技术分析游戏内存使用情况，优化内存分配和释放策略，减少内存碎片，提升内存利用率。

- 实时异常检测：引入深度学习模型对玩家行为进行实时检测，若发现异常行为，自动触发封禁措施，可以有效防止作弊行为的发生。

游戏开发者和设计师可以利用大模型技术来创造更加智能、生动和富有挑战性的游戏，为玩家带来更加丰富的游戏世界。

大模型技术为游戏程序开发带来了新的思路和方法，为实时问题诊断与性能优化提供了强大的支持。随着技术的不断发展和进步，我们可以预见大模型技术在游戏程序开发中的应用会越来越广泛，为游戏行业的发展注入新的活力。

本章探讨了大模型技术在游戏程序开发中的应用，并分析了其在游戏行业的影响和发展方向。可以看出，大模型技术为游戏开发者提供了丰富的工具和资源，可以帮助他们创造出更加智能、生动和有趣的游戏。

第 4 章

大模型在美术制作中的应用

4.1　艺术资产自动生成

随着 AI 技术的发展，特别是自然语言处理和图像生成领域技术的发展，大模型技术已经成为自动生成艺术资产的有力工具。大模型技术通过预训练和微调的方式，能够通过文本生成高质量的图像，Stable Diffusion 和 Midjourney 就应用了大模型技术。在美术制作中，包括角色、环境和道具在内的各种艺术资产，都可以通过大模型技术实现更加高效和创新的生成。

美术制作是游戏开发、动画制作等的重要组成部分，而其中的艺术资产生成是一个耗时且需要投入大量人力的过程。美术制作通常需要美术师手动绘制角色、环境和道具等各种元素，这在一定程度上制约了制作效率和创新性。

大模型技术可以为美术师提供自动生成艺术资产的新方法，能极大地提升制作效率、激发创作灵感。下面将重点探讨大模型技术在角色、环境和道具生成方面的应用。

4.1.1　角色生成

角色是游戏和动画中的重要元素，其设计和制作往往需要耗费大量时间和精力。利用大模型技术，可以实现角色的自动生成，包括角色外观、角色动作和表情等方面，还可以实现角色个性化定制。

1. 角色外观生成

大模型技术可以生成各种风格、各种类型的角色外观。美术师可以使用简单的描述或者草图，让模型自动生成符合要求的角色设计。模型可以从海量的角色数据中学习，生成具有多样性和创新性的角色外观，为游戏和动画带来新的视觉体验。

最近国内的文生图大模型也逐渐成熟，本小节我们使用可图大模型（快手公司搭建的文生图大模型），来生成一个美人鱼形象，因为可图大模型要求输入的提示词必须是中文，所以我们编写的提示词如下：

生成一条美人鱼，女生的脸，鱼的身子，在海底。

得到图 4-1 所示的美人鱼。

图4-1　美人鱼

2. 角色动作和表情生成

除了外观，角色的动作和表情也是其个性和魅力的重要表现。大模型技术可以学习并生成各种类型的角色动作和表情，包括走路、奔跑、跳跃、挥舞等动作，以及开心、愤怒、惊讶等表情。这些动作和表情可以根据剧情需要自动生成，为角色赋予更加生动的形象。

通过编写不同的提示词，我们还可以得到一个具有高兴表情和愤怒表情的动漫人物。编写提示词如下：

清凉夏季美少女，微卷短发，大笑，休闲服，林间石板路，斑驳光影。

得到图 4-2 所示的带有高兴表情的女生。

图4-2 带有高兴表情的女生

再次编写的提示词如下：

清凉夏季美少女，微卷短发，眉毛紧皱，愤怒，休闲服，林间石板路，斑驳光影。

得到图 4-3 所示的带有愤怒表情的女生。

图4-3 带有愤怒表情的女生

3. 角色个性化定制

大模型技术可以实现角色的个性化定制。根据用户的需求和偏好，模型可以生成符合用户要求的角色形象，包括服饰、发型、配饰等。角色个性化定制可以增强用户的参与感和互动性，提升用户体验。

通过编写提示词，可以让大模型生成的人物角色身穿旗袍，头戴花环。编写的提示词如下：

清凉夏季美少女，微卷短发，身穿旗袍，头戴花环，林间石板路，斑驳光影。

得到图 4-4 所示的穿旗袍的女生。

图4-4　穿旗袍的女生

通过编写提示词，可以让大模型生成的人物身穿西装，头戴礼帽。编写的提示词如下：

清凉夏季美少女，微卷短发，身穿西装，头戴礼帽，林间石板路，斑驳光影。

得到图 4-5 所示的穿西装的女生。

图4-5 穿西装的女生

环境是游戏和动画中的重要背景元素，其设计和制作对于营造氛围和创设情境至关重要。利用大模型技术，可以实现环境的自动生成，包括自然景观、城市建筑等各种场景，还可以实现环境氛围的定制。从本小节起，我们使用 Stable Diffusion 来进行生成。

1. 自然景观生成

大模型技术可以学习并生成各种类型的自然景观，包括山川河流、森林湖泊、草原等。美术师可以使用简单的描述或者参考图片，让模型自动生成符合要求的自然景观。模型可以模拟自然界的地貌和植被，生成逼真的自然场景，为游戏和动画增添自然之美。

山川河流的特征如下。

■ 山脉起伏，重峦叠嶂，云雾缭绕。

■ 河流蜿蜒流淌，清澈见底，碧波荡漾。

■ 山间松柏苍翠，溪水潺潺。

编写的提示词如下：

The mountains are undulating, and the peaks are overlapping, shrouded in the clouds; the rivers are winding, crystal clear, and rippling; the pines and cypresses on the mountains are lush, and the streams are gurgling.

得到图 4-6 所示的山川河流。

图4-6　山川河流

森林与湖泊的特征如下。

■　幽深的森林里，密集的树木参天而立。

■　湖水清澈见底，倒映着周围葱茏的树木。

■　林间鸟语花香，湖畔草木葱茏，生机盎然。

■　水鸟嬉戏，微风拂过湖面，涟漪荡漾。

编写的提示词如下：

In the deep forest, dense trees stand tall; the lake is crystal clear, reflecting the surrounding lush woods; the birds are singing and the flowers are fragrant in the forest, and the lakeside vegetation is lush and full of vitality; water birds are playing, and the breeze is blowing across the lake, causing ripples.

得到图 4-7 所示的森林与湖泊。

图4-7　森林与湖泊

草原的特征如下。

■ 广袤的草原上，绿草如茵，牛羊成群。

■ 天空湛蓝，白云飘飘，草原与天相接。

■ 草原上有一条清澈的河流，河水曲折蜿蜒，滋养着生命。

编写的提示词如下：

On the vast grassland, there are green grass, herds of cattle and sheep; the sky is blue, white clouds float, and the grassland is connected to the sky; there is a clear river on the grassland, the river water is winding, nourishing life.

得到图 4-8 所示的草原。

2. 城市建筑生成

除了自然景观，城市建筑也是游戏和动画中常见的场景元素。大模型技术可以学习并生成各种类型的城市建筑，包括商业街、办公大楼等。美术师可以使用简单的描述或者参考图片，让模型自动生成符合要求的城市建筑。模型可以模拟不同建筑风格，为游戏和动画打造丰富多彩的城市景观。

图4-8　草原

商业街的特征如下。

■　高楼大厦：挺拔的建筑密布商业街两旁，彰显着现代都市的繁华气息。

■　繁忙街道：商业街上车水马龙，行人络绎不绝，形成了独特的热闹景象。

编写的提示词如下：

Please draw a commercial street with tall buildings and busy streets.

得到图4-9所示的商业街。

图4-9　商业街

办公大楼的特征如下。

■ 玻璃幕墙：现代化的办公大楼多采用玻璃幕墙设计，通透明亮，展现出城市的现代气息。

■ 花园绿化：一些现代化的办公大楼配有绿化空间或者屋顶花园，为工作人员和访客提供休闲放松的场所。

编写的提示词如下：

Please draw an office building with glass curtain walls and garden greening.

得到图4-10所示的办公大楼。

图4-10　办公大楼

3. 环境氛围定制

大模型技术可以实现环境氛围的定制。根据剧情和情感需求，模型可以生成不同的环境氛围，如明亮欢快、昏暗、祥和安宁等。环境氛围定制可以增强游戏和动画的情感表达力，营造更加引人入胜的视听体验。

明亮欢快的咖啡店的特征如下。

■ 艳阳高照：明亮的阳光透过大片玻璃窗洒进店内，照亮了整个空间，给人带来温暖和活力。

■ 色彩缤纷：店内装饰色彩明快，鲜花等装饰物点缀在各个角落，营造出活泼愉悦的氛围。

编写的提示词如下：

Please draw a bright and cheerful coffee shop with bright sunlight, bright colors inside the shop, and decorations and flowers in every corner to create a pleasant atmosphere.

得到图4-11所示的明亮欢快的咖啡店。

图4-11 明亮欢快的咖啡店

昏暗的咖啡店的特征如下。

■ 昏暗的灯光：店内光线昏暗，暗淡的灯光投射在墙上，营造出一种神秘的氛围。

■ 沉闷的气氛：整个空间笼罩着一种压抑和沉闷的气氛。

编写的提示词如下：

Please draw a dark and scary coffee shop with dim lights and a gloomy atmosphere.

得到图 4-12 所示的昏暗的咖啡店。

图4-12　昏暗的咖啡店

祥和安宁的咖啡店的特征如下。

- 舒适的氛围：这样的咖啡店通常有舒适、温馨的氛围，让顾客感到放松和愉悦。

- 自然元素：这样的咖啡店通常会采用自然光线、植物装饰、木质家具等自然元素，营造出一种自然的氛围，给顾客带来一种与自然和谐共存的感觉。

- 慢节奏体验：这样的咖啡店通常不会强调快节奏的服务，而是体现慢节奏的生活方式。顾客可以悠闲地享受咖啡，阅读图书，或者与朋友闲聊，而不会感到时间的紧迫。

编写的提示词如下：

A quiet cafe with comfortable seats and soft lighting, where customers leisurely drink coffee, read books and chat with friends.

得到图 4-13 所示的祥和安宁的咖啡店。

图4-13　祥和安宁的咖啡店

4.1.3　道具生成

道具是游戏和动画中的重要物品，对于丰富游戏情节和增强游戏互动性至关重要。利用大模型技术，可以实现道具的自动生成，如武器装备、日常用品等各种物品的生成，还可以实现道具功能定制。

1. 武器装备生成

大模型技术可以学习并生成各种类型的武器装备，包括剑、战斧、弓箭等。美术师可以使用简单的描述或者参考图片，让模型自动生成符合要求的武器装备。模型可以模拟不同材质和风格的武器装备，为游戏和动画带来丰富多彩的战斗场景。

剑的特征如下。

■　外观：剑大多采用双刃，有用于握持的手柄。

■　特点：剑可以是单手使用的或是双手使用的，通常是直刃。

■　用途：剑在近战中用于刺、砍、挥击等，是古代的主要兵器之一。

■　历史文化：剑在古代具有特殊意义，代表着权力、荣誉。

编写的提示词如下：

Please draw a weaponry sword that has double edges and a handle for holding.

得到图4-14所示的剑。

图4-14 剑

战斧的特征如下。

- 外观：战斧通常有一个宽大而厚重的斧头，其形状呈类似三角形。斧头通常带有尖刃或锯齿，用于切割和砍劈目标。柄部相对较短，以便于近距离作战。

- 特点：战斧是一种多功能的武器，具有强大的砍劈能力和冲击力。其重量通常比较大，因此需要一定的力量才能操作。战斧的设计往往考虑了持握的舒适度，以确保使用者能够有效地操控它。

- 用途：战斧主要用于近距离作战，可以用来砍击敌人、破坏装备或者用作防御工具。由于其砍劈能力强大，战斧在欧洲中世纪的战争中被广泛使用，是重要的近战武器之一。

- 历史文化：战斧在许多文化中都有着重要的地位。在欧洲中世纪，战斧是骑士和步兵常用的武器之一，常常被看作力量和荣耀的象征。在北欧文化中，战斧被视为"维京战士"的标志性装备，他们常常将战斧作为其装备的一部分。战斧也出现在许多历史和神话故事中，成为文化传统和象征的重要组成部分。

编写的提示词如下。

Please draw a weapon：a battle axe.

得到图 4-15 所示的战斧。

图4-15 战斧

弓箭的特征如下。

■ 外观：弓是一种弹性器械，箭由尖端、杆和羽毛组成。

■ 特点：弓箭是一种远程攻击武器，依靠拉弓的力量和箭矢的速度来攻击目标。

■ 用途：弓箭在古代被广泛用于狩猎和战争，需要一定的技巧和力量来使用。

■ 历史文化：弓箭在许多古老文明中都有出现，是狩猎和战争的重要工具，也代表着当时的技艺。在一些文化中，弓箭被赋予了神圣的象征意义，并与英雄传说和神话故事紧密相连。

编写的提示词如下：

Please draw a bow and arrow. The arrow must be composed of a tip, a shaft and feathers.

得到图 4-16 所示的弓箭。

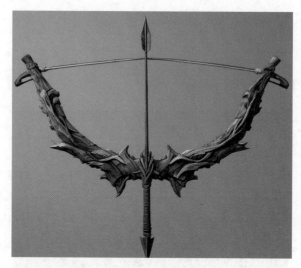

图4-16 弓箭

2.日常用品生成

除了武器装备，日常用品也是游戏和动画中常见的道具元素。大模型技术可以学习并生成各种类型的日常用品，如家具、器皿等。美术师可以使用简单的描述或者参考图片，让模型自动生成符合要求的日常用品。模型可以生成不同材质和功能的日常用品，为游戏和动画创造出丰富的生活场景。

家具的特征如下。

- 家具用于支撑人体、存放物品等。

- 家具种类繁多，包括沙发、桌子、椅子、床、柜子等。

- 家具材料多样，包括木材、金属、塑料、布料等。

- 家具设计注重舒适性、功能性和美观性。

编写的提示词如下：

Please draw a wooden sofa with a dining table and a chair next to it.

得到图 4-17 所示的家具。

器皿的特征如下。

- 器皿是用来容纳食物、饮料或其他物品的容器，包括碗、盘子、壶、罐子等。

图4-17 家具

■ 器皿材料多样，常见的有陶瓷、玻璃、金属、塑料等。

■ 器皿设计注重容量适宜、易清洁、耐用性和美观性。

编写的提示词如下：

Please draw bowls and ceramic plates used to hold food.

得到图 4-18 所示的器皿。

图4-18 器皿

尺子的特征如下。

■ 尺子包括直尺、软尺等，由金属、塑料或木头制成。

■ 尺子用于测量长度、绘图等。

■ 尺子通常标有刻度，用以准确测量。

■ 尺子有各种单位，例如英寸、厘米、毫米等。

编写的提示词如下：

Ruler for measuring lengths, drawing, drawing straight lines, etc.

得到图 4-19 所示的尺子。

图4-19 尺子

3. 道具功能定制

大模型技术可以实现道具功能的定制。根据游戏和动画的需求，模型可以生成具有特定功能和效果的道具，包括攻击加成、防御加强等。道具功能定制可以增强游戏的策略性和可玩性，为玩家带来更丰富的游戏体验。

攻击加成道具特征如下。

■ 通常用于增加角色或者单位的攻击力。

- 可能带有特定的标志，便于在游戏界面中清晰显示。

- 在描述上，可能会包含增加攻击力、提升输出伤害等短语。

- 在使用时，角色或者单位的攻击能力会得到加强，这种效果通常会持续一段时间。

编写的提示词如下。

Draw an icon of an item with an attack bonus.

得到图 4-20 所示的攻击加成道具。

图4-20　攻击加成道具

图 4-20 里的尖头形状的标志就可以用来表示攻击加成道具。

防御加强道具特征如下。

- 通常用于增加角色或者单位的防御力。

- 有特定的标志，以便玩家在游戏界面中轻松辨识。

- 在描述上，可能会包含提升防御力、减少受到的伤害等短语。

- 使用该道具后，角色或者单位的防御能力会得到加强，这种效果通常会持续一段时间。

编写的提示词如下。

Draw an icon similar to a shield item with a defense bonus.

得到图4-21所示的防御加强道具。

图4-21 防御加强道具

大模型技术尽管在美术制作中具有巨大的应用潜力，但面临着一些技术挑战。首先，模型的生成能力和质量需要不断提升，以满足美术师对于高质量艺术资产的需求。其次，模型的可控性和可定制性需要进一步加强，以满足不同项目和团队的特定需求。最后，模型的训练和部署过程需要耗费大量的计算资源和时间，需要进一步优化和加速。

随着AI和图形学等领域技术的不断发展，大模型技术在美术制作中的应用将会越来越广泛。未来，可以期待模型的生成能力和质量能进一步提升，实现更加高效和创新的艺术资产生成。同时，模型的可控性和可定制性将会不断增强，为美术师提供更加灵活和个性化的创作工具。大模型技术可以为游戏、动画等数字娱乐作品打造更加丰富多彩的视觉体验，推动数字娱乐产业迈向更加繁荣的未来。

4.2 动画与特效设计

大模型技术在动画与特效设计中的应用越来越广泛，它提供了许多新的工具和方法，使美术师能够更快速、更有效地创造出令人惊叹的作品。下面将重点探讨大模型技术在图像生成与画面增强、风格迁移与艺术风格转移、outpainting 扩展图像、特效设计与动态模拟方面的应用，并介绍 AI 辅助创作工具的应用。

4.2.1 图像生成与画面增强

大模型技术可以用来生成逼真的图像、增强画面效果，在动画与特效设计中非常有用。通过训练模型学习图像的特征和风格，美术师可以利用这些模型生成高质量的角色和特效元素。

我们生成一张小男孩的人物图，编写的提示词如下：

Handsome little boy, black hair, smiling, front face, full body photo.

得到图 4-22 所示的结果。

图4-22　小男孩

我们根据图 4-22，使用图生图技术，生成同样风格的设计图变体，调整提示词如下：

Handsome little boy, black hair, smiling, full face, perfect lighting, oil painting style, clear details, 16k.

得到图 4-23 所示的结果。

图4-23　小男孩设计图的变体

通过对比图 4-23 和图 4-22，可以发现图 4-23 所示的画面整体上更加明亮，图中多出来的光影明暗对比使得生成的图更加有立体感，图像整体效果得到了加强。

4.2.2　风格迁移与艺术风格转移

大模型技术使美术师能够将一个图像的风格转移到另一个图像上，这在动画与特效设计中被广泛应用。通过将一种艺术风格应用到动画中，美术师可以创造出独特的视觉效果，增强作品的表现力和吸引力。

我们可以使用同一段提示词，分别生成写实风格和动漫风格的图像。先来绘制一个渔夫，编写的提示词如下。

Portrait of a seasoned fisherman, with weathered skin, deep wrinkles, and a piercing gaze. He sports a white beard and a fisherman's hat. The background is a softly blurred dock, emphasizing his rugged features under natural light.

得到图 4-24 所示的写实版渔夫。

图4-24 写实版渔夫

Stable Diffusion 可以下载不同的大模型来生成不同风格的图片。也有一些网站可以在线切换不同图片风格来生成用户所需要的内容。这里通过 Playground 网站的 Filter 来切换不同图片风格，具体操作步骤如图 4-25 所示。

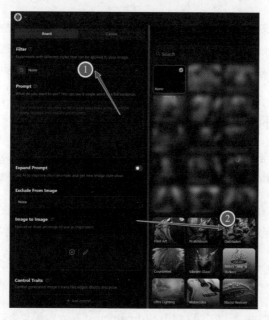

图4-25 切换不同图片风格

如图4-25所示，我们选择"DucHaiten"动漫风格，得到图4-26所示的动漫版渔夫。

图4-26　动漫版渔夫

4.2.3　outpainting扩展图像

文生图大模型技术中的 outpainting 技术是指利用神经网络模型来生成图像的缺失部分，从而完整化或补全图像的技术。与 inpainting（用于修复图像中的缺失部分）相对应，outpainting 是在图像周围生成新的内容。这项技术的主要作用包括但不限于如下方面。

■ 图像增强与补全：当图像的部分内容缺失时，outpainting 技术可以生成缺失的部分，使图像更加完整和清晰。

■ 图像扩展与填充：有时需要将图像扩展到更大的尺寸或填充到特定的尺寸，outpainting 技术可以用来生成扩展的内容，以满足这些要求。

■ 内容生成与创意表达：outpainting 技术可以用于生成图像的周围环境，从而为图像增添场景或内容，这对于创意表达和艺术创作具有一定的意义。

■ 数据增强：在训练神经网络模型时，有时需要更多的数据来提高模型的性能。outpainting 技术可以用来生成与原始数据相关的新图像，从而扩充训练数据集。

在游戏开发过程中，我们可以利用 outpainting 技术对图片内容进行自动填充，在图片的周围生成毫无违和感的画面，将整个图片不断扩展、填充，从而得到我们想要的效果图。这种自动扩展与填充内容的方法可以大大提高制作效率，使美术师能够将更多的时间投入创造性的工作。

　　某项目组（后用"我们"代称）遇到过这样一个问题：我们要将海外的一款单机游戏改为一款网络游戏，然而使用国外的IP（Intellectual Property，知识产权），就要用合作方提供的效果图，但是他们提供的效果图分辨率比较低，我们需要提高其分辨率。如果直接将图片放大后只保留需要的内容，会使得图片不完整，而合作方要求我们保留他们提供的效果图的所有细节。因此，我们使用的方法是美术师在低分辨率的效果图上，在其四周绘制一些内容，做到在保留内容的基础上"无损放大"。现在有了大模型技术，我们可以利用outpainting技术来扩展图像，自动生成图像周围的环境。这里首先生成一个简单的人物，编写如下提示词。

A little girl is wearing a hat, has long black hair, big eyes, very cute, side view.

　　得到图4-27所示的普通小女孩。

图4-27　普通小女孩

　　我们利用outpainting技术将图4-27所示的普通小女孩图片进行扩展。常用的Stable Diffusion等大模型工具都有这种功能。这里使用Playground网站进行演示。我们打开Playground网站主页，切换到Canvas页面，如图4-28所示。

图4-28 Playground网站Canvas页面

将图 4-27 所示图片导入该页面，具体操作如图 4-29 所示。

图4-29 导入图片

接下来，我们将 Outpainting 矩形框拖到图片左上角，让大模型帮我们扩展图片的左上角，具体操作如图 4-30 所示。

图4-30 Outpainting矩形框操作

点击图 4-30 所示的 Outpaint 按钮，即可得到图 4-31 所示的结果。

图4-31　outpainting扩展结果

前文为了演示，Outpainting 矩形框框选的内容比较少，下面我们重新调整一下矩形框的大小和位置。按照上述方法对图 4-27 所示的普通小女孩图片进行上、下、左、右方向的扩展，得到图 4-32 ~图 4-34 所示的结果。

图4-32　普通小女孩扩展生成内容1

图4-33　普通小女孩扩展生成内容2

图4-34 普通小女孩扩展生成内容3

可以看出，通过大模型自动扩展生成的内容还是比较符合实际的。那么我们可以使用 outpainting 技术来自动扩展生成人物的周边环境。

接下来，我们尝试自动扩展生成动画场景。编写的提示词如下。

animation scene.

得到图 4-35 所示的动画场景。

图4-35 动画场景

大模型驱动的游戏开发

我们保留图4-35所示动画场景的视角，生成一个赛博朋克风格的动画场景。我们将图4-35所示的图片拖放到图4-36所示的"Image to Image"下方的位置，然后编写如下提示词。

Preserve the perspective of the reference image and generate a cyberpunk-style background image.

得到图4-37所示的赛博朋克动画场景。

图4-36　保留视角进行图生图

图4-37　赛博朋克动画场景

4.2.4　特效设计与动态模拟

大模型技术在特效设计与动态模拟方面也发挥着重要作用。通过训练模型学习物理规律和运动特征，美术师可以创建出更加逼真的特效，例如火焰、水流等特效，使动画更加生动和震撼人心。

编写如下提示词。

Please draw fire and explosion scenes.

得到图 4-38 所示的火焰场景。美术师可以根据该场景图片，调整游戏中火焰的效果，使其更加逼真。

图4-38　火焰场景

编写如下提示词。

```
Water flow, waterfall.
```

得到图 4-39 所示的水流场景。特效师可以根据该场景图片，调整游戏中水流的效果，使其更加逼真。

图4-39　水流场景

　大模型驱动的游戏开发

4.2.5 AI辅助创作工具

除了直接使用大模型技术来生成图像和特效，还有许多 AI 辅助创作工具可以帮助美术师在场景布置方面提高工作效率。一般，游戏上线之后，游戏开发商会进行线下场景布置，设置一些打卡点，让玩家来体验游戏中的场景。线下场景布置一般包括如下方面。

- 在现实空间中呈现出来：玩家可以在这些实时渲染的场景中参与游戏，与虚拟物体进行互动。

- 交互式景观设计：游戏开发者可以利用大模型技术设计出各种具有挑战性和趣味性的线下场景，如迷宫、障碍赛道等，让玩家在其中探索、挑战和互动。

- 景点或任务点打卡活动：游戏开发者可以在线下场景中设置特定的景点或任务点，并利用大模型技术为这些景点或任务点设计独特的虚拟元素，例如特效、动画等，吸引玩家前来探索和完成任务，以此促进玩家之间的互动。

- 增强现实游戏：利用大模型技术结合增强现实技术，开发增强现实游戏，玩家可以通过移动设备在现实世界中与虚拟元素进行互动，例如收集物品、解谜等，从而提升游戏的趣味性和互动性。

美术师可以利用大模型技术辅助生成与布景相关的效果图，来提高布景效率。比如线下经常有涂鸦、走迷宫之类的活动，我们可以让大模型帮助生成现实中会遇到的场景，来辅助美术师进行相应的布景。

编写如下提示词。

Please draw 2 paintings with some graffiti on the ancient city wall.

得到图 4-40 和图 4-41 所示的墙壁涂鸦。

图4-40　墙壁涂鸦1

图4-41　墙壁涂鸦2

编写如下提示词。

Generate 2 real-world maze maps.

得到图 4-42 和图 4-43 所示的迷宫。

　大模型驱动的游戏开发

图4-42　迷宫1

图4-43　迷宫2

　　总的来说，大模型技术在动画与特效设计中的应用正在不断拓展和深化，为美术师提供了全新的创作工具和方法。随着技术的不断发展和进步，大模型会在未来发挥越来越重要的作用，为动画与特效设计带来更加惊人的创新和突破。

4.3　风格一致性检查

美术制作是一个复杂的领域，涉及从概念设计到最终渲染的各个环节。在这个过程中，保持风格的一致性是至关重要的，尤其是对于需要团队合作的大型项目而言。本节将探讨大模型技术在美术制作中的风格一致性检查方面的应用。

4.3.1　风格一致性检查的重要性

在美术制作中，保持风格一致性对于确保作品展现统一的外观和感觉至关重要。这种一致性不仅体现在图形和色彩上，还体现在形式、质感、线条等方面。一致的风格能够提升作品的品质和用户体验，也有助于塑造品牌形象和提高视觉识别度。

然而，在大型项目中，要保持风格一致性并不容易。不同的设计师可能有不同的风格偏好，而这些差异可能会导致作品给人以不连贯感。因此，风格一致性检查是美术制作过程中必不可少的一环。大模型技术可以识别和纠正风格不一致问题。下面将探讨大模型技术在风格一致性检查中的一些主要应用。

4.3.2　风格识别与分析

大模型技术可以通过学习大量的图像样本，来识别和分析不同风格的图像的特征，如色彩搭配、线条风格、质感等特征。通过对已有作品进行分析，大模型可以建立风格模型，进而比较和检测新作品与已有作品的风格一致性。

LoRA（Low-Rank Adaptation of Large Language Models，大语言模型的低等级适应）模型是仅需要少量的数据就可以进行训练的一种大模型。在生成图片时，LoRA 模型会与其他大模型结合使用，从而实现对输出图片的调整。我们可以利用该模型对图片进行风格化定制。下面将演示如何训练宫崎骏风格的 LoRA 模型。

首先收集用于训练的素材，这里通过网站下载或者电影截图的方式收集宫崎骏动漫素材，如图 4-44 所示。

然后，对这些素材进行标注。我们通过 liblib.art 网站进行在线训练，如果读者有配置好的计算机也可以通过 Stable Diffusion 在本地进行训练。打开上述网站可以看到图 4-45 所示的界面。

下面讲解将图 4-44 所示素材上传到图 4-45 所示的网站中进行自动标注和分类的具体流程。

图4-44　宫崎骏动漫素材

图4-45　liblib.art网站界面

4.3.3　自动标注和分类

大模型技术可以用于自动标注和分类美术作品。通过对美术作品进行自动标注和分类，大模型可以更方便地管理和组织美术作品，还可以将其用于风格一致性的检查和评估。这些标注的数据基于不同的风格特征，可用于制定风格一致性的标准和指导原则。

下面对上文收集的素材进行自动标注和分类。我们在liblib.art网站里选择画风分类，然后选择动漫底模，单张次数设置为8，循环轮次设置为最大值20，在"模型触发词"下方的文本框中输入 Hayao Miyazaki，如图 4-46 所示。

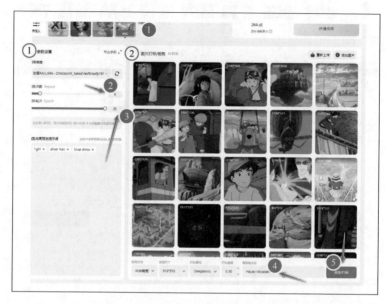

图4-46　自动标注和分类

接下来点击"裁剪 / 打标"按钮，裁剪 / 打标过程如图 4-47 所示，等待片刻可得到图 4-48 所示的裁剪 / 打标结果。

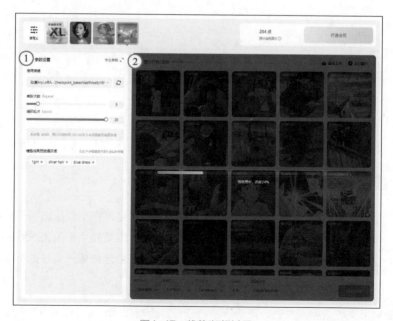

图4-47　裁剪/打标过程

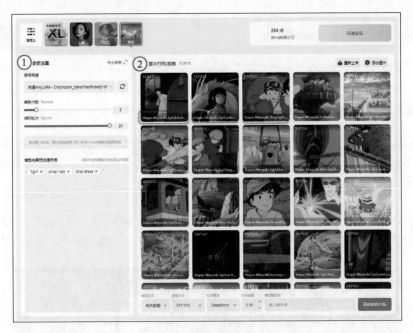

图4-48　裁剪/打标结果

我们可以从图 4-48 中看到，每张图片都被裁剪为 512×512 像素的尺寸，同时打上了对应的标签。点击其中一张图片，可得到图 4-49 所示的裁剪 / 打标详细内容。

图4-49　裁剪/打标详细内容

从图 4-49 中可以看到，图中的每个元素都被打上了标签，这些标签描述了图的各个元素，用来标注这张图片。若要直接生成所需要的 LoRA 模型，用户需要付费成为该网站的会员。有没有可以直接使用的免费的 LoRA 模型呢？当然是有的，具体见下文。

4.3.4 风格转换和匹配

大模型技术可以实现风格转换和匹配。这意味着可以将一个作品的风格特征应用到另一个作品中，从而使不同风格作品的风格统一。例如，可以通过模型实现将油画风格的作品转换为水彩风格，或将现实风格应用到卡通风格的作品中，以实现风格的统一。

在美术制作过程中，设计师可以利用模型提供的反馈信息，及时调整作品的风格，从而确保作品在整个制作过程中保持风格的一致性。这种实时的反馈与调整能够帮助设计师更好地掌握作品的整体风格，提高制作效率。

裁剪 / 打标后，就可以开始训练 LoRA 模型了。用户若训练模型，需要成为上述网站会员。但是我们也可以下载已经训练好的模型。打开 Civitai 网站，得到图 4-50 所示的主界面。

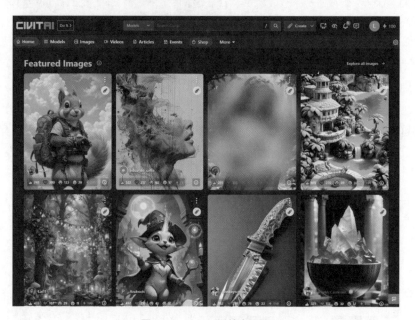

图4-50　Civitai网站主界面

从图 4-50 中可以看出该网站收集了很多的 LoRA 模型。我们在该网站搜索"宫崎骏"关键词，得到图 4-51 所示的结果。

我们选中图 4-51 最左边的图片，可以得到这个模型的详细参数，具体结果如图 4-52 所示。

点击图 4-52 中箭头所指的下载按钮，即可下载该 LoRA 模型。如何使用 LoRA 模型呢？我们接着往下看。

图4-51 "宫崎骏"搜索结果

图4-52 模型详细参数

大模型技术可以实现定制化的风格指导。这意味着可以根据具体项目的需求,定制专属的风格指南。通过学习和分析,模型可以生成适用于特定项目的风格指南,帮助设计师更好地把握项目的风格要求。

在游戏开发中,保持游戏世界的视觉一致性至关重要。大模型技术可以帮助开发团队识别和纠正游戏中不一致的风格元素,确保整个游戏的视觉效果和风格保持统一。

在动画制作中，大模型技术可被用于自动化风格一致性检查。通过分析动画中的图像特征，模型可以帮助制作团队发现并解决风格不一致问题，从而提高动画的质量。

在平面设计领域，大模型技术可被用于自动化设计审查。设计师可以利用模型提供的反馈信息，及时调整设计方案，确保作品的风格一致性。

通过训练自定义模型，可以生成一批符合项目风格的背景图。我们以宫崎骏风格的背景图为例进行测试。我们将下载的 LoRA 模型放在 Stable Diffusion 的 Lora 文件夹下，如图 4-53 所示。

图4-53　LoRA模型存放位置

接下来，我们在提示词的末尾加上要使用的 LoRA 模型即可。例如我们下载的 LoRA 模型名为"abc"，那么我们在提示词的末尾加上"<lora:abc:1>"即可。其中，数字 1 表示 LoRA 模型的权重为 1。

编写的提示词如下。

```
Please draw a Miyazaki-style background image.<lora:abc:1>
```

得到图 4-54 和图 4-55 所示的宫崎骏风格的背景图。

图4-54　宫崎骏风格的背景图1

图4-55　宫崎骏风格的背景图2

尽管大模型技术在美术制作中的应用前景广阔，但其也面临一些挑战和限制，涉及数据的质量和数量、模型的准确性和稳定性等方面。然而，随着 AI 技术的不断发展和完善，大模型技术在美术制作中的应用将会越来越普及和成熟。未来，我们可以期待更多创新的应用场景和解决方案的出现，从而进一步提升美术制作的质量和效率。

综上所述，大模型技术在美术制作中的风格一致性检查方面具有广阔的应用前景。通过风格识别与分析、自动标注和分类、风格转换和匹配以及定制化的风格指南等应用，大模型技术可以帮助美术师和制作团队更好地保持作品的风格一致性。随着技术的不断进步和应用场景的不断拓展，大模型技术将成为美术制作中不可或缺的重要工具之一。

第 5 章

大模型在游戏测试中的应用

5.1 自动化测试

随着游戏产业的快速发展，游戏质量和用户体验变得至关重要。为了确保游戏的质量和稳定性，测试团队通常需要耗费大量时间和精力进行测试。随着 AI 和大模型技术的进步，自动化测试在游戏开发生命周期中的地位越来越重要。本节将探讨大模型技术在游戏测试中的自动化测试脚本生成方面的应用。

5.1.1 游戏测试面临的挑战

在游戏开发过程中，测试是一个耗时且复杂的过程。游戏具有许多不同的组件，例如图形、音频、网络和用户交互等，需要全面测试以确保游戏的稳定性和用户体验。以下是游戏测试面临的一些挑战。

- 复杂性：游戏包含大量组件，使测试变得复杂。

- 多平台支持：游戏通常需要在多个平台上运行，例如 PC、移动设备、主机等，因此需要适应不同的硬件和软件环境。

- 用户体验：游戏的质量直接影响用户体验，用户体验又影响着一款游戏的成败，因此需要进行大量的功能性测试和性能测试。

- 迭代开发：游戏通常采用迭代开发模式，需要频繁进行测试以确保新功能的稳定性和兼容性。

面对这些挑战，传统的手动测试方法往往效率低下且容易出错，因此自动化测试成为提高测试效率和质量的关键。

5.1.2 自动化测试的优势

自动化测试可以通过编写脚本来模拟用户操作和测试场景，自动执行测试过程并生成报告。与手动测试相比，自动化测试具有以下优势。

- 高效性：自动化测试可以快速执行大量测试用例，提高测试效率。

- 可重复性：自动化测试可以重复执行相同的测试用例，确保测试结果的一致性。

- 高覆盖率：自动化测试可以覆盖更广泛的测试场景，包括边界情况和异常情况。

- 持续集成：自动化测试可以与持续集成和持续交付流程集成，及时发现和修复问题。

传统的自动化测试方法往往需要手动编写测试脚本，会耗费测试人员大量的时间和精力。在面对复杂的游戏系统时，手动编写测试脚本变得更加困难和耗时。

大模型，特别是基于深度学习的自然语言处理模型（如 ChatGPT 系列模型），在自动化测试领域展现出了巨大的潜力。这些模型可以通过学习大量的文本数据来理解自然语言和编程语言的结构和语义，从而生成具有一定逻辑的语法正确的代码。

在游戏测试中，大模型技术可被应用于自动化测试脚本的生成，帮助测试团队快速生成测试用例并执行测试。下面将探讨大模型技术在自动化测试脚本生成中的应用。

5.1.3 测试用例生成

大模型技术可以根据游戏的规则和特性，生成各种测试用例。测试用例可以涵盖游戏测试的各个方面，包括功能测试、性能测试、安全测试等。大模型技术生成的测试用例可以覆盖更多的测试场景，帮助测试团队发现潜在的问题和缺陷。

比如测试一个下载模块，我们使用 ChatGPT 来生成几个测试用例，以便进行 QA（Quality Assurance，质量保证）测试。编写的提示词如下。

我写了一个下载模块，请帮我生成几个测试用例，方便排查问题。

ChatGPT 给出的结果如下。

当您编写下载模块时，测试用例可以涵盖各种情况，以确保您的模块在各种情况下都能正常工作。以下是一些可能的测试用例：

1. 下载常规的文本文件

下载一个简单的文本文件，确保可以成功下载并且内容正确。

测试下载速度，确保文件过大时不会出现内存或时间上的问题。

2. 下载图片文件

下载一张图片文件，确保图片能够正常打开，并且文件大小与原始文件相同。

3. 下载视频文件

下载一个视频文件，确保视频能够正常播放，并且文件大小与原始文件相同。

4. 下载压缩文件

下载一个压缩文件（如 .zip 文件），确保文件能够成功解压，并且解压后的内容与预期一致。

5. 处理下载失败的情况

测试当下载链接无效或文件不存在时模块的反应。确保模块能够正确处理这种情况，而不会崩溃或无限等待。

6. 处理连接超时

模拟网络连接超时，确保您的模块能够正确处理连接超时的情况，并且能够适当地重试或报告错误。

7. 测试断点续传功能

下载一个大文件，在下载过程中中断连接，然后再次启动下载，确保下载能够从断点处继续，并且文件完整。

8. 测试并发下载

同时启动多个下载任务，确保您的模块能够正确处理并发下载，并且不会出现资源竞争或死锁等问题。

9. 测试下载速度

测试不同大小的文件下载速度，确保下载速度在合理范围内，且不会因为文件大小的增加而显著降低。

10. 测试边界情况

测试极端情况，例如下载一个空文件、非常大的文件、文件名包含特殊字符的文件等，确保您的模块能够正确处理这些边界情况。

通过这些测试用例，您可以更全面地评估您的下载模块在各种情况下的表现，并且排查可能出现的问题。

又如我们要测试游戏内的购买模块。编写的提示词如下。

我写了一个游戏内的购买模块，请帮我生成几个测试用例，方便排查问题。

ChatGPT 给出的结果如下。

当你在设计测试用例时，最好考虑各种情况，包括边界情况、正常情况和异常情况。以下是一些可能的测试用例示例：

1. 正常情况

用户拥有足够的虚拟货币购买商品。

用户购买商品后，虚拟货币正确扣除。

商品购买成功后，用户账户正确更新。

2. 边界情况

用户的虚拟货币余额为零时购买商品。

用户的虚拟货币余额为极大值时购买商品。

用户一次性购买的商品数量达到最大限制。

3. 异常情况

用户尝试购买一个不存在的商品。

用户尝试购买时网络连接不稳定。

购买过程中服务器出现错误或崩溃。

用户尝试购买商品时，系统返回错误代码。

虚拟货币余额更新失败，导致购买失败。

4. 退款情况

用户购买商品后进行退款操作，确保虚拟货币余额正确恢复。

用户购买商品后进行退款操作，确保商品数量正确恢复。

5. 特殊情况

用户在购买过程中，游戏中断或崩溃。

用户在购买过程中，改变了设备的网络连接状态（例如，从 Wi-Fi 通信切换到移动数据通信）。

这些测试用例可以帮助你确保你的游戏内的购买模块在各种情况下都能正确运行。

大模型技术可以自动生成测试脚本，用于模拟用户操作和测试场景。这些脚本可以涵盖游戏的各种功能和组件，包括导航菜单、游戏流程、输入输出等。自动生成测试脚本可以提高测试效率、减少人工编写脚本的工作量。

使用 ChatGPT 编写一个简单的测试下载模块的自动化脚本，编写的提示词如下。

请写一个 C# 的自动化脚本，用来测试下载模块。

ChatGPT 给出如下结果。

以下是一个简单的 C# 脚本示例，用于测试下载模块。该脚本利用 "HttpClient" 类来模拟 HTTP 请求并下载文件。请注意，此示例仅作为起点，你可能需要根据你的具体需求对其进行扩展和改进。

```
using System;
using System.Net;
using System.Net.Http;
using System.Threading.Tasks;
class Program
{
    static async Task Main(string[] args)
    {
        string url = "https://example.com/file-to-download.txt"; // 替换为实际的文件下载链接
        try
        {
            using (HttpClient client = new HttpClient())
            {
```

```
        using (HttpResponseMessage response = await client.GetAsync(url))
        {
            if (response.IsSuccessStatusCode)
            {
                using (HttpContent content = response.Content)
                {
                    //读取文件内容
                    byte[] data = await content.ReadAsByteArrayAsync();

                    //保存文件到本地
                    string fileName = "downloaded_file.txt"; //保存文件的名称
                    await System.IO.File.WriteAllBytesAsync(fileName, data);
                    Console.WriteLine(" 文件下载成功！ ");
                }
            }
            else
            {
                Console.WriteLine($"HTTP 请求失败：{response.StatusCode}");
            }
        }
    }
    catch (Exception ex)
    {
        Console.WriteLine($" 发生异常：{ex.Message}");
    }
}
```

在此示例中，我们使用了"HttpClient"类来执行 HTTP GET 请求以下载文件。你需要替换"url"变量的值为你要下载的文件的实际链接。程序会将文件保存为"downloaded_file.txt"，你也可以根据需要修改文件名和保存路径。

这只是一个简单的示例，你可以根据自己的需求和场景对其进行扩展和改进，例如添加错误处理、身份验证、进度跟踪等功能。

使用 ChatGPT 编写一个简单的测试游戏内的购买模块的自动化脚本，编写的提示词如下。

请写一个 C# 的自动化脚本，用来测试游戏内的购买模块。

ChatGPT 给出的结果如下。

以下是一个简单的 C# 脚本示例，用于测试游戏内的购买模块。这个脚本使用了

Unity 游戏引擎的一些基本功能，可以自动执行购买物品的操作，并检查购买是否成功。

```csharp
using UnityEngine;
using UnityEngine.UI;
using System.Collections;
public class PurchaseTester : MonoBehaviour
{
    public string itemToPurchase; // 要购买的物品名称
    public Text statusText; // 用于显示购买状态的文本
    // 游戏启动时调用
    void Start()
    {
        StartCoroutine(TestPurchase());
    }
    // 购买测试
    IEnumerator TestPurchase()
    {
        // 模拟点击购买按钮
        ClickBuyButton();
        // 等待购买完成
        yield return new WaitForSeconds(5f); // 假设购买需要 5 秒完成

        // 检查购买是否成功
        bool purchaseSuccess = CheckPurchaseSuccess();
        // 更新状态文本
        if (purchaseSuccess)
        {
            statusText.text = " 购买成功！ ";
        }
        else
        {
            statusText.text = " 购买失败！ ";
        }
    }
    // 模拟点击购买按钮
    void ClickBuyButton()
    {
        // 在这里编写点击购买按钮的代码，可以采用查找按钮对象并调用点击方法的方式
        // 例如： GameObject.Find("BuyButton").GetComponent<Button>().onClick.Invoke();
        Debug.Log(" 点击购买按钮 ");
    }

    // 检查购买是否成功
    bool CheckPurchaseSuccess()
```

```
{
    // 在这里编写检查购买是否成功的代码，可以采用检查余额是否正确或者检查物品是否添加到背
    // 包等方式
    // 例如：return PlayerData.CheckIfItemExistsInInventory(itemToPurchase);
    // 注意：这里仅仅是一个示例，具体实现根据游戏的逻辑来编写
    Debug.Log(" 检查购买是否成功 ");
    return Random.Range(0, 2) == 1; // 随机返回购买成功或失败
}
}
```

在这个脚本中，你需要做以下几件事情：

（1）在 Unity 中创建一个空物体，并将这个脚本挂载到该物体上。

（2）在 Unity 中设置 "itemToPurchase" 变量为要购买的物品的名称，例如 "Gold" "Sword" 等。

（3）在 Unity 中设置 "statusText" 变量为用于显示购买状态的 Text 组件。

（4）编写 "ClickBuyButton()" 方法来模拟点击购买按钮的操作。

（5）编写 "CheckPurchaseSuccess()" 方法来检查购买是否成功。

这只是一个简单的示例，你需要根据你的游戏实际情况来修改和完善这个脚本。

可以看出，ChatGPT 只是给我们提供了一个自动化测试脚本模板，具体的逻辑还是需要我们自己编写。ChatGPT 不是万能的，所以我们要善于使用其他工具，来提高自己的工作效率。

5.1.5 异常情况模拟

大模型技术可以生成各种异常情况的测试用例（代码），帮助测试团队评估游戏的稳定性和鲁棒性。异常情况包括网络中断、内存溢出、输入错误等。通过异常情况模拟，开发团队可以及时发现和修复潜在的问题。

使用 ChatGPT 编写游戏内下载模块的异常情况测试用例，编写的提示词如下。

请生成下载模块的各种异常情况的测试用例，使用 C# 实现。

ChatGPT 给出的结果如下。

以下是一个简单的 C# 测试代码示例，用于测试下载模块的各种异常情况：

```csharp
using System;
using System.Net;
public class DownloadModuleTests
{
    // 模拟下载模块的方法
    public string DownloadFile(string url)
    {
        WebClient client = new WebClient();
        try
        {
            string downloadedData = client.DownloadString(url);
            return downloadedData;
        }
        catch (ArgumentNullException)
        {
            return "ArgumentNullException occurred.";
        }
        catch (WebException)
        {
            return "WebException occurred.";
        }
        catch (Exception)
        {
            return "An unexpected exception occurred.";
        }
    }
    // 测试空 URL 的情况
    public void TestEmptyUrl()
    {
        string result = DownloadFile("");
        Console.WriteLine("Test Empty URL：" + result);
    }
    // 测试无效 URL 的情况
    public void TestInvalidUrl()
    {
        string result = DownloadFile("invalidurl");
        Console.WriteLine("Test Invalid URL：" + result);
    }
    // 测试无法连接的 URL 的情况
    public void TestUnreachableUrl()
    {
        string result = DownloadFile("http://unreachableurl");
        Console.WriteLine("Test Unreachable URL：" + result);
    }

    // 测试访问权限受限的 URL 的情况
```

```
    public void TestRestrictedUrl()
    {
        string result = DownloadFile("http://restrictedurl");
        Console.WriteLine("Test Restricted URL：" + result);
    }
    // 主函数，用于执行测试用例
    public static void Main(string[] args)
    {
        DownloadModuleTests tester = new DownloadModuleTests();
        tester.TestEmptyUrl();
        tester.TestInvalidUrl();
        tester.TestUnreachableUrl();
        tester.TestRestrictedUrl();
    }
}
```

在上面的示例中，我们创建了一个"DownloadModuleTests"类，其中包含模拟下载模块的方法"DownloadFile()"和各种异常情况的测试用例。

"DownloadFile()"方法尝试从给定的 URL 下载数据，捕获并处理了可能发生的异常情况。

"TestEmptyUrl()"测试了空 URL 的情况。

"TestInvalidUrl()"测试了无效 URL 的情况。

"TestUnreachableUrl()"测试了无法连接的 URL 的情况。

"TestRestrictedUrl()"测试了访问权限受限的 URL 的情况。

你可以根据你的实际需求，进一步扩展测试用例，以覆盖更多的异常情况。

使用 ChatGPT 编写游戏内购买模块的异常情况测试用例，编写的提示词如下。

请生成游戏内的购买模块的各种异常情况的测试用例，使用 C# 实现。

ChatGPT 给出的结果如下。

以下是游戏内的购买模块可能遇到的一些异常情况，以及用 C# 实现的测试用例示例：

1. 无法连接到支付服务器

测试用例：模拟支付服务器不可用，检查游戏内购买模块是否能够正确处理此异常情况。

```
[TestMethod]
public void TestPaymentServerUnavailable()
{
    // 模拟支付服务器不可用
    bool paymentServerAvailable = false;
    // 调用游戏内购买方法，传入支付服务器不可用状态
    var result = GamePurchase.ProcessPayment(paymentServerAvailable);
    // 验证是否正确处理了支付服务器不可用的情况
    Assert.IsFalse(result.Success);
    Assert.AreEqual("Payment server unavailable", result.ErrorMessage);
}
```

2. 无法完成支付

测试用例：模拟支付过程中出现错误，检查游戏内购买模块是否能够正确处理此异常情况。

```
[TestMethod]
public void TestPaymentFailure()
{
    // 模拟支付失败
    bool paymentSuccess = false;
    // 调用游戏内购买方法，传入支付失败状态
    var result = GamePurchase.ProcessPayment(paymentSuccess);
    // 验证是否正确处理了支付失败的情况
    Assert.IsFalse(result.Success);
    Assert.AreEqual("Payment failed", result.ErrorMessage);
}
```

3. 购买的物品不存在或无效

测试用例：尝试购买不存在或无效的物品，检查游戏内购买模块是否能够正确处理此异常情况。

```
[TestMethod]
public void TestInvalidItem()
{
    // 模拟购买不存在或无效的物品
    string invalidItem = "InvalidItem";
    // 调用游戏内购买方法，传入无效物品名称
```

```
var result = GamePurchase.BuyItem(invalidItem);

// 验证是否正确处理了购买无效物品的情况
Assert.IsFalse(result.Success);
Assert.AreEqual("Invalid item", result.ErrorMessage);
}
```

4. 余额不足

测试用例：用户余额不足以购买物品，检查游戏内购买模块是否能够正确处理此异常情况。

```
[TestMethod]
public void TestInsufficientBalance()
{
    // 设置用户余额不足
    decimal userBalance = 10.00m; // 用户余额
    decimal itemPrice = 20.00m;   // 物品价格

    // 调用游戏内购买方法，传入用户余额和物品价格
    var result = GamePurchase.BuyItemWithBalance(userBalance, itemPrice);

    // 验证是否正确处理了余额不足的情况
    Assert.IsFalse(result.Success);
    Assert.AreEqual("Insufficient balance", result.ErrorMessage);
}
```

5. 网络连接异常

测试用例：模拟网络连接异常，检查游戏内购买模块是否能够正确处理此异常情况。

```
[TestMethod]
public void TestNetworkConnectionError()
{
    // 模拟网络连接异常
    bool networkError = true;

    // 调用游戏内购买方法，传入网络连接异常状态
    var result = GamePurchase.ProcessPayment(networkError);

    // 验证是否正确处理了网络连接异常的情况
    Assert.IsFalse(result.Success);
    Assert.AreEqual("Network connection error", result.ErrorMessage);
}
```

这些测试用例覆盖了游戏内购买模块可能遇到的一些常见异常情况，并确保在这些情况下游戏内购买模块能够正确处理异常并返回适当的错误信息。

大模型技术不能保证自动生成所有测试用例，因此需要测试人员进行补缺。

5.1.6　自动化测试报告

大模型技术可以分析测试结果并生成测试报告，帮助测试团队快速评估游戏的质量和稳定性。测试报告可以包括测试覆盖率、通过率、失败率等指标，帮助测试团队了解当前的测试情况并采取相应的措施。

5.1.7　游戏测试工具集成

一些游戏测试工具已经集成了大模型技术，可为测试团队提供更智能和高效的测试功能。这些工具利用大模型技术生成测试用例、测试脚本，并自动执行测试。使用这些工具，测试团队可以更轻松地进行测试，以发现和修复问题。

比如一款大型多人在线（Massively Multiplayer Online，MMO）游戏有着复杂的功能和性能测试任务。为了提高测试效率，测试团队可以利用大模型技术构建自动化测试系统。该系统可以根据游戏的规则和特性，自动生成测试用例和测试脚本，并执行自动化测试。通过自动化测试系统，测试团队可以快速发现并修复游戏中的问题，确保游戏的质量和稳定性。

随着大模型技术的不断发展和应用，其在游戏测试领域中的作用会越来越大，为游戏开发者和测试团队带来更多的便利和价值。

5.2　游戏体验优化建议

大模型技术在游戏测试领域广泛应用，可以用于改善游戏平衡性、提升游戏性能、优化用户体验，从而增强游戏的吸引力和可玩性。本节将讨论大模型技术在游戏体验优化中的应用，并提出一系列游戏体验优化建议，以提升游戏质量和用户满意度。

5.2.1　游戏平衡性优化

通过分析大量游戏数据和玩家行为，大模型可以帮助开发团队发现游戏平衡性问题，并提供个性化、精准的优化方案，从而提高游戏的质量和可玩性，促进游戏生态的健康发展。游戏平衡性要求游戏中各种元素和机制之间相对平衡。平衡性好的游戏能为玩家提供公平性和挑战性并存的体验。大模型技术可以在以下方面辅助游戏平衡性的优化。

- 数据分析：利用大模型技术对游戏数据进行分析，找出游戏中的平衡性问题和不足之处，进行调整和优化。

- 动态调整：实现动态调整机制，根据玩家反馈和游戏数据实时调整游戏平衡性，保持游戏的挑战性和趣味性。

游戏中的数值直接影响游戏的平衡性，所以测试人员需要针对装备属性等进行平衡性测试。我们使用 ChatGPT 来生成一些与游戏平衡性相关的测试用例。编写的提示词如下。

请生成装备属性的测试用例，用来测试游戏平衡性。

ChatGPT 给出的结果如下。

当测试游戏平衡性时，测试用例应该覆盖各种可能的情况，以确保游戏中的装备属性能够保持平衡。以下是一些可能的测试用例示例，用来测试装备属性的平衡性。

1．武器属性测试用例

（1）攻击力测试。

测试不同等级／类型的武器的基础攻击力，以确保平衡。

测试不同类型武器的攻击速度，以确保平衡。

（2）特殊效果测试。

测试特殊效果的触发概率，确保平衡性和合理性。

测试特殊效果的影响范围和持续时间，以确保平衡。

（3）耐久度测试。

测试武器耐久度的消耗速度，以确保平衡。

测试武器在不同使用频率下的耐久度消耗情况。

2. 护甲属性测试用例

（1）防御力测试。

测试不同等级／类型的护甲的基础防御力，以确保平衡。

测试护甲对不同类型伤害的抵抗效果，确保平衡性。

（2）特殊效果测试。

测试护甲特殊效果的触发概率，确保平衡性和合理性。

测试特殊效果的持续时间和效果程度，以确保平衡。

（3）耐久度测试。

测试护甲耐久度的消耗速度，以确保平衡。

测试护甲在不同类型伤害下的耐久度消耗情况。

3. 饰品属性测试用例

（1）加成属性测试。

测试不同类型的饰品对属性加成的影响，以确保平衡。

测试饰品对玩家属性的加成是否合理。

（2）特殊效果测试。

测试饰品特殊效果的触发概率，确保平衡性和合理性。

测试特殊效果对游戏玩法的影响，确保平衡。

（3）耐久度测试。

测试饰品耐久度的消耗速度，以确保平衡。

测试饰品在不同场景下的耐久度消耗情况。

4. 综合测试用例

（1）组合效果测试。

测试不同装备组合的效果，确保平衡。

测试特定装备组合是否会导致游戏过于简单或过于困难。

（2）平衡性测试。

测试游戏中不同装备的整体平衡性，确保没有优势或劣势明显的装备。

测试装备属性与游戏进程的平衡性，以确保游戏体验的一致性。

以上是一些可能的测试用例示例，用于测试游戏中装备属性的平衡性。测试过程应该尽可能覆盖各种情况，以确保游戏的平衡性和可玩性。

5.2.2 游戏性能优化

游戏性能优化包括性能监控、智能优化等。

- 性能监控：利用大模型技术实时监控游戏性能，包括帧率、加载时间、卡顿情况等指标，以便及时发现和解决性能问题。

- 智能优化：通过大模型技术分析游戏性能数据，自动优化游戏资源的加载和使用，提升游戏的流畅度和稳定性。

为了监控游戏性能方面的瓶颈，可以使用ChatGPT生成一些与游戏性能相关的测试用例，编写的提示词如下。

为了监控Unity游戏的性能方面的瓶颈，请使用C#生成一些包括帧率、加载时间、卡顿情况等指标的测试用例（脚本）。

ChatGPT给出的结果如下。

以下是一个简单的C#脚本，用于监控Unity游戏的性能方面的一些指标，包括帧率、加载时间和卡顿情况。

```
using UnityEngine;
using System.Collections;
public class PerformanceMonitor：MonoBehaviour
{
    private float frameRate;
    private float loadTime;
    private float lastFrameTime;
```

```
        private float deltaTime;
        private int frameCount;
        private bool isStuck;
        private void Start()
        {
            // 记录游戏加载开始时间
            loadTime = Time.realtimeSinceStartup;
        }
        private void Update()
        {
            // 计算帧率
            deltaTime += (Time.unscaledDeltaTime – deltaTime) * 0.1f;
            frameRate = 1.0f / deltaTime;
            // 监测卡顿情况
            if (Time.time – lastFrameTime > 0.1f)
            {
                isStuck = true;
            }
            else
            {
                isStuck = false;
            }
            lastFrameTime = Time.time;
            // 计算加载时间
            if (Time.timeSinceLevelLoad < 2f)
            {
                // 游戏加载中
                Debug.Log("Game is still loading...");
            }
            else
            {
                // 游戏加载完成
                float totalTime = Time.realtimeSinceStartup – loadTime;
                Debug.Log("Total load time：" + totalTime.ToString("0.00") + " seconds");
            }
            // 输出性能指标
            Debug.Log("Frame Rate：" + frameRate.ToString("0.00") + " fps");
            Debug.Log("Is Game Stuck：" + isStuck);
        }
    }
```

将该脚本附加到 Unity 场景中的一个 GameObject 上，它会在游戏运行时实时监测帧率、加载时间和卡顿情况。

请注意，这只是一个简单的示例，实际的性能监控系统可能需要更复杂的实现，以便收集更多的指标，并提供更全面的性能分析。

在得到游戏的帧率、加载时间、卡顿情况后，就可以针对性地分析具体问题。比如检测到某个游戏界面打开时出现异常卡顿、加载时间长。这时，我们可以寻求ChatGPT的帮助，编写的提示词如下。

Unity开发的游戏，某个界面打开的时候很卡，耗时很久，一般是什么因素导致的？

ChatGPT给出的结果如下。

在Unity开发中，某个界面打开时卡顿的问题可能由多种原因导致，包括但不限于以下几点。

（1）资源加载：界面打开时可能需要加载大量资源，比如纹理、模型、声音等，如果资源较大或者加载方式不合理，会导致卡顿。可以尝试优化资源加载方式，比如异步加载或者在后台加载资源。

（2）脚本执行：界面打开时可能有大量脚本需要执行，如果脚本复杂或者存在性能问题，会导致卡顿。可以尝试优化脚本逻辑，减少不必要的计算或者将一些计算放在后台执行。

（3）UI渲染：界面中的UI元素过多或者UI布局复杂，会导致UI渲染性能下降。可以尝试减少UI元素数量，简化UI布局，或者使用UI批处理等技术优化UI性能。

（4）物理计算：界面打开时可能需要进行大量的物理计算，比如碰撞检测、刚体运动模拟等，如果物理计算量过大，会导致卡顿。可以尝试优化物理计算参数，减少物理计算量或者使用物理计算的简化版本。

（5）内存管理：界面打开时可能会产生大量临时对象或者垃圾对象，如果内存管理不当，会导致频繁的垃圾回收，从而引起卡顿。可以尝试优化内存管理，减少临时对象的创建或者手动管理对象的生命周期。

（6）图形渲染：界面打开时可能会进行复杂的图形渲染，比如光照、阴影等的渲染，如果图形渲染量过大，会导致卡顿。可以尝试优化图形渲染参数，减少渲染负载或者使用更简单的渲染效果。

以上是一些可能导致界面卡顿的常见因素，针对具体情况可以结合性能分析工具对应用进行性能分析，找出具体的性能瓶颈并进行优化。

根据ChatGPT提供的建议，我们逐个进行分析。首先在资源加载的地方编写代码，增加日志，输出具体耗时，然后输出函数执行的具体耗时。如果是资源加载耗时比较久，那么可以将当前界面的Prefab（预制体）拆分成多个界面，优先加载主界面，然后动态打开不同的页签。如果当前页签没有被选中，那么该页签对应的界面就不加载，直到被选中时再加载。如果当前界面经常被玩家用到，那么可以在场景加载的时候进行预加载。

如果是函数执行耗时比较久，那么查看其具体的实现，如是否使用了比较耗时的算法，是否在界面初始化的同时处理了各种复杂逻辑。如果是类似滚动列表这种需要展示很多物品的界面，需要避免列表里的物品在同一帧展示，可以进行分帧加载、增加渐变动画等。

上述是我们自己的分析，如果使用ChatGPT来分析，它会给出什么样的处理思路呢？我们编写的提示词如下。

开发 Unity 游戏，如果函数执行耗时比较久，怎么办？

ChatGPT 给出的结果如下。

如果在 Unity 游戏中某个函数执行耗时较久，可能会导致游戏卡顿或者性能下降。以下是一些处理长耗时函数的方法。

（1）优化代码：检查函数是否存在低效的算法或重复的操作。通过合理的算法设计和代码优化，可以降低函数执行的时间复杂度。

（2）使用异步操作：对于需要长时间执行的任务，可以考虑使用异步操作，以避免阻塞主线程。在 C# 中，可以使用 "async" 和 "await" 关键字实现异步操作。

（3）分帧处理：将耗时较长的任务分解成多个耗时较短的任务，并在多帧中逐步执行。这样可以避免一次性执行造成的卡顿。

（4）线程管理：将耗时操作移到后台线程中执行，以减轻主线程的负担。在 Unity 中可以使用 "Thread" 类或者 "ThreadPool" 类实现多线程操作。

（5）资源优化：确保在函数中合理地使用资源，避免内存泄露或者过多的资源加载。

（6）使用 Profiler 进行性能分析：使用 Unity 的 Profiler 工具对游戏进行性能分析，找出耗时较长的函数，并优化其性能。

（7）考虑使用 GPU 加速：对于一些需要大量计算的任务，可以考虑使用 GPU 进行加速，比如利用 Compute Shader 等技术。

（8）减少频繁调用：如果可能的话，减少对长耗时函数的频繁调用，尽量在必要时调用。

通过以上方法，可以有效地处理 Unity 游戏中函数执行耗时较久的情况，提升游戏性能和用户体验。

具体问题要具体分析，当我们没有思路的时候，不妨使用 ChatGPT 来看看它提供的思路，然后根据提示，具体排查问题。目前对于大部分的性能问题，ChatGPT 都可以给出一些不错的建议。

5.2.3 用户体验优化

大模型技术在用户体验优化方面有许多应用。这些技术可被用于改善游戏的多个方面，包括游戏内容的个性化、逼真的语音和文字交互、游戏内容的个性化推荐等。通过整合这些技术，游戏开发者可以提升游戏的交互性、逼真度和可玩性，从而为玩家提供更加沉浸式和个性化的游戏体验。

游戏开发前期可以进行用户调研，使用大模型技术对玩家行为和反馈进行分析，了解玩家的喜好和需求，从而优化游戏体验或者界面设计。利用大模型技术对玩家的情感和情绪进行分析，从而了解他们在游戏过程中的体验。这有助于游戏开发者了解哪些方面需要改进，以增强玩家与游戏的情感连接和游戏的吸引力。

通过分析玩家的行为数据，利用大模型技术可以预测玩家的偏好和下一步行动。这有助于游戏开发者进行更加个性化和吸引人的设计，提供个性化的游戏体验，包括任务推荐、角色定制等功能，帮助玩家发现和体验更多符合他们兴趣的游戏内容。

那么，如何对游戏进行用户体验优化方面的测试呢？例如，不少角色扮演类游戏有"捏脸"系统，测试人员首先要测试该系统的易用性，确认角色显示是否正常，避免出现穿模现象。当我们询问了 ChatGPT 之后，发现 ChatGPT 比我们思考得还要好。编写的提示词如下。

要对游戏角色定制进行用户体验优化方面的测试，你有什么建议？

ChatGPT 给出的结果如下。

游戏角色定制是游戏中非常重要的一个功能，可以提升玩家的沉浸感和个性化体验。以下是一些建议，可以帮助改善游戏角色定制的测试。

（1）易用性测试：确保角色定制界面简洁易懂，玩家能够轻松地找到他们需要的功能，例如修改外貌、服装、配饰等。使用A/B测试或者观察用户行为来评估不同设计方案的可用性。

（2）多样性测试：考虑到玩家的多样性，包括性别、年龄等，确保角色定制系统提供足够广泛的选择，以满足不同玩家的需求和偏好。

（3）反馈机制：在角色定制过程中为玩家提供实时反馈，例如当他们更改角色外观时显示预览效果。这有助于玩家更好地了解他们的选择会如何影响最终角色形象。

（4）个性化推荐：基于玩家的喜好和游戏风格，提供个性化的建议或推荐，以帮助他们更快速地完成角色定制。

（5）社交互动：考虑到多人游戏的情况，允许玩家在角色定制过程中与其他玩家互动，例如分享自己的角色设计、参与投票或评论等。

（6）跨平台兼容性：如果游戏跨平台运行，确保角色定制系统在各种设备上表现一致，并且能够保存和同步玩家的定制数据。

（7）色盲友好性：考虑到色盲玩家的存在，确保角色定制界面中的颜色选项能够适应他们的需求，或者提供其他可供选择的辅助功能。

（8）性能优化：确保角色定制系统在各种硬件配置下运行流畅，避免性能问题导致玩家体验感下降。

通过以上建议，你可以更好地测试和改进游戏角色定制系统，以提供更好的用户体验。

ChatGPT给出的第7条针对色盲友好性方面的建议非常好，大部分游戏都没有考虑到这个方面。这是一个很小众的需求，但是如果我们制作的游戏能够考虑到，肯定会获得更多玩家的青睐。

5.2.4　内容更新优化

利用大模型技术辅助内容更新优化的方式如下。

- 数据驱动：利用大模型技术分析玩家行为和反馈数据，指导游戏内容更新和扩展，确保更新内容符合玩家期待和需求。

- 定期更新：制定定期更新计划，根据玩家反馈和大模型分析结果，及时推出新的游戏内容和功能，保持玩家的长期参与度和对游戏的兴趣。

5.2.5　社交体验优化

大模型可以辅助优化游戏社交体验，主要体现在社交功能优化和多人游戏优化两个方面。

- 社交功能优化：增加丰富的社交功能，如好友系统、公会系统等，利用大模型技术分析玩家社交行为，提供更有针对性的社交体验。

- 多人游戏优化：优化多人游戏的匹配机制和沟通方式，确保玩家能够顺利找到合适的队友和对手，提升游戏的社交互动性。

大模型技术在游戏测试中的应用为游戏体验的优化提供了全新的可能性和机遇。通过情感分析、游戏内容生成、自动化测试等手段，游戏开发者可以更好地理解玩家需求，并优化游戏平衡性、游戏性能、用户体验。同时，游戏开发者应结合大模型技术的优势，制定有效的优化策略和实施计划，不断提升游戏质量和玩家满意度，实现游戏的长期发展。

5.3　bug报告与分类

游戏测试可以发现和修复游戏中的各种问题，包括功能性错误、性能问题、用户体验问题等。高质量的测试能够提高游戏的稳定性、可靠性和用户满意度。

在传统的游戏测试中，测试人员通常需要手动进行测试，并将发现的问题记录在bug报告中。这种方法存在以下挑战。

- 人力成本高：手动测试需要大量的人力资源和时间，尤其是对于大规模的游戏项目。

- 存在主观性：测试结果受到测试人员主观意见的影响，可能存在测试不充分的情况。

- 报告不规范：不同的测试人员可能使用不同的标准和格式来编写bug报告，给问题跟踪和修复带来不便。

5.3.1 bug报告生成

大模型技术可以用于自动生成 bug 报告，从而减少测试人员的工作量，并提高报告的准确性和规范性。通过输入游戏测试过程中的日志、截图、录像等信息，模型可以生成具有结构化信息的 bug 报告，包括问题描述、复现步骤、环境信息、优先级等。

为了监控游戏运行时的错误日志，向 ChatGPT 寻求一些建议，编写的提示词如下。

请编写 C# 代码，以监控 Unity 游戏运行时的错误日志。

ChatGPT 给出的结果如下。

要监控 Unity 游戏运行时的错误日志，你可以编写一个简单的 C# 脚本，用于捕获和记录错误日志。你可以在 Unity 中创建一个名为 ErrorLogger.cs 的脚本，然后将其附加到一个空的 GameObject 上。

```
using UnityEngine;
using System.IO;
public class ErrorLogger : MonoBehaviour
{
    private string logFilePath; // 保存日志文件的路径
    void Start()
    {
        // 设置保存日志文件的路径
        logFilePath = Application.persistentDataPath + "/error.log";
        // 删除之前的日志文件，以便开始记录新的日志
        if (File.Exists(logFilePath))
        {
            File.Delete(logFilePath);
        }
        // 订阅 Unity 的 Application.logMessageReceived 事件
        Application.logMessageReceived += LogError;
    }

    // 当日志消息销毁时取消事件订阅
    void OnDestroy()
    {
        Application.logMessageReceived -= LogError;
    }

    // 当收到新的日志消息时被调用
```

```
void LogError(string logString, string stackTrace, LogType type)
{
    // 只记录错误和异常日志
    if (type == LogType.Error || type == LogType.Exception)
    {
        //将错误日志写入文件
        using (StreamWriter writer = File.AppendText(logFilePath))
        {
            writer.WriteLine("[" + type + "]" + logString);
            writer.WriteLine(stackTrace);
            writer.WriteLine("-------------------------------------------");
        }
    }
}
```

这段代码的作用如下：

在 Start() 方法中，设置保存日志文件的路径，并订阅了 Unity 的 Application.logMessageReceived 事件。

在 LogError() 方法中，只记录类型为 Error 或 Exception 的日志消息。当收到这些类型的日志消息时，它将日志写入指定的日志文件中。

在 OnDestroy() 方法中，取消了对 Application.logMessageReceived 事件的订阅，以便在日志消息销毁时停止记录日志。

记得将这个脚本附加到一个 GameObject 上，以便在 Unity 游戏运行时生效。

5.3.2　bug分类与优先级划分

大模型技术可以对 bug 进行分类与优先级划分，从而更好地指导开发团队开展修复工作。模型可以根据 bug 报告的描述和上下文信息，自动将 bug 分为不同的类别，如功能性错误、性能问题、界面异常等。同时，模型还可以根据 bug 的影响程度和紧急程度，自动为 bug 分配优先级，以便开发团队合理安排修复工作。

5.3.3　bug关联分析

大模型技术可以进行 bug 关联分析，发现不同 bug 之间的关联性和它们的影响范围。通过分析大量的 bug 报告和游戏日志数据，模型可以识别出不同 bug 之间的相似性和依赖关系，从而帮助开发团队更好地理解和解决问题。

5.3.4 自动化测试与反馈循环

大模型技术可以与自动化测试工具结合，构建自动化测试系统，并实现自动化测试与反馈循环。自动化测试系统可以利用模型生成的 bug 报告来指导自动化测试的执行，同时将测试结果反馈给模型，用于模型的持续优化和训练，从而实现测试过程的自动化和智能化。

OpenAI 的 GPT-4o 模型可以用于自动生成 bug 报告，并对 bug 进行分类与优先级划分。通过与游戏测试工具集成，GPT-4o 可以实现自动化测试与反馈循环，帮助开发团队更快地发现和修复问题。

通过自动生成 bug 报告、bug 分类与优先级划分、bug 关联分析等功能，大模型技术可以提高游戏测试的效率和质量，减小人力成本，加速游戏开发周期。

通过本章的探讨，我们可以看到大模型技术在游戏测试中的潜力和应用前景。随着技术的不断发展和创新，大模型技术将在游戏测试领域中发挥越来越重要的作用，为游戏开发带来更多的便利和效益。

第6章

大模型在游戏客服与社区支持中的应用

6.1 自动响应玩家咨询

随着 AI 技术的发展，大模型在各个领域的应用日益广泛，其中包括游戏客服与社区支持。在游戏行业，玩家对游戏咨询、建议和问题解决等的需求日益增长，而传统的客服支持通常无法满足这一需求。因此，利用大模型自动响应玩家咨询成为一种新的解决方案。本章将探讨大模型在游戏客服与社区支持中的应用。

6.1.1 游戏客服面临的挑战

在游戏行业，游戏客服是至关重要的。玩家可能遇到各种问题，涉及游戏操作、技术故障、账号安全、游戏策略等方面，需要及时、准确地解决。然而，传统的游戏客服支持面临以下挑战。

- 成本高昂：传统的游戏客服（人工客服）支持通常需要投入大量人力资源，成本较高。

- 时效性差：人工客服可能无法及时响应玩家的咨询，尤其是在高峰时段或特殊事件发生时。

- 一致性问题：不同的人工客服可能给出不一致的答复，导致用户体验不佳。

面临这些挑战，游戏公司需要寻求更高效、更智能的解决方案来满足玩家的需求。

6.1.2 大模型在游戏客服与社区支持中的优势

大语言模型的出现为游戏客服与社区支持带来了新的可能性，它具有以下优势。

- 智能化响应：大语言模型能够理解自然语言的语境，并生成符合语境的自然语言响应，能够更智能地回答玩家的问题。

- 实时响应：大模型可以实现全天候的响应，不受时间和地域限制，为玩家提供即时支持。

- 一致性和准确性：使用大模型可以确保在不同的场景下提供一致且准确的答复，提升用户体验。

- 数据驱动：大模型可以通过分析大量的历史数据来学习玩家的问题和相应的解决方案，从而不断提升自身的智能水平。

基于这些优势，越来越多的游戏公司开始尝试将大语言模型应用于游戏客服与社区支持中。

6.1.3 技术实现

将大模型应用于游戏客服与社区支持中需要一系列技术来实现，主要包括以下几个方面的技术。

1. 数据收集与清洗

需要收集和清洗大量的历史数据，这些数据包括玩家的问题、客服的回答以及问题的解决方案。数据清洗的目的是去除噪声和不一致性，以确保模型训练的有效性和准确性。

2. 模型训练与优化

需要选择合适的大模型，并基于清洗后的数据对模型进行训练与优化。训练过程通常需要大量的计算资源和时间，开发团队需要综合考虑模型的精度、速度和成本等因素。

3. 部署与集成

完成模型训练与优化后，需要将模型部署到实际的生产环境中，并与现有的客服系统和社区支持平台进行集成。这涉及软件工程、系统架构和网络安全等方面的技术挑战。

4. 监控与反馈

需要建立监控系统来监测模型的性能和稳定性，并收集用户的反馈来不断优化模型和改进系统。这需要借助数据分析、用户调研和机器学习等技术手段。

尽管大语言模型在游戏客服与社区支持中具有巨大的潜力，但其应用也面临如下挑战，需要采取相应的解决方案。

- **数据隐私与安全**：在收集和处理用户数据时，需要确保用户数据安全。可以采用数据加密、权限管理和审计等技术手段来保护用户数据的安全性和隐私性。

- **多语言支持**：游戏通常需要提供多种语言的客服与社区支持。为了解决多语言支持的问题，可以利用多语言训练数据和跨语言模型来实现多语言的自动响应。

我们让 ChatGPT 来扮演游戏客服，帮助我们回答一些玩家可能提出的基本问题。编写的提示词如下。

你现在是《王者荣耀》游戏的智能客服，回答我接下来的每个问题。

ChatGPT 给出的结果如下。

ChatGPT

好的，请问有什么可以帮助您？

User

为什么充值不到账？

ChatGPT

充值未到账可能有多种原因，包括但不限于网络延迟、支付系统故障、账户信息错误等。为了帮助您解决问题，请提供以下信息。

（1）充值的时间和日期。

（2）使用的充值方式（例如支付宝、微信、银行卡等）。

（3）充值时输入的账号和金额。

（4）是否收到支付渠道的扣款通知或支付成功的提示信息。

凭借这些信息，我可以更好地帮助您了解问题所在，并向您提供解决方案。

User

我匹配到人机对战了吗？有人恶意挂机。

ChatGPT

很抱歉，作为智能客服，我无法直接确认您当前是否匹配到了人机对战，也无法直接确定是否有人恶意挂机。但是，如果您怀疑其他玩家恶意挂机，建议您尝试以下操作。

（1）在游戏内向其他玩家或者队友提出问题，确认是否有人恶意挂机，也许他们可以提供一些有用的信息。

（2）尝试联系游戏的人工客服支持团队，向他们报告此类行为。许多游戏平台都有相应的举报机制来处理这样的问题。

（3）在游戏过程中尽量保持冷静，不要采取激烈的行动，以免加剧紧张的局势。

希望以上建议能够帮助您解决问题。

上述是没有为 ChatGPT 提供其所需数据的情况。接下来，我们编写一些常见的问题，编写的提示词如下。

我生成了一些常见问题解答：若玩家问你游戏 6.0 版本发布日期是什么时候，请回复"2025 年 1 月 1 日"。若问 7.0 版本发布日期是什么时候，请回复"2025 年 3 月 1 日"。若玩家询问经常断线怎么处理，请回复"请连接 Wi-Fi 再试"，等等。你现在就是客服，我是玩家，你回答我的问题，确认后请说"好的"。

ChatGPT 给出的结果如下。

好的，我已经明白了。如果你有任何问题，随时问我就可以了！

接下来，我们测试一下 ChatGPT 的回答情况，编写的提示词如下。

游戏 6.0 和 7.0 版本的发布日期是什么时候？

ChatGPT 给出的结果如下。

游戏 6.0 版本的发布日期是 2025 年 1 月 1 日，而 7.0 版本的发布日期是 2025 年 3 月 1 日。

继续编写提示词，如下。

我玩游戏的时候经常断线，怎么回事？

ChatGPT 给出的结果如下。

通常，断线问题可能是网络连接不稳定或游戏服务器问题引起的。以下是解决这个问题的一些建议。

（1）检查网络连接：确保您的网络连接稳定。尽量使用有线连接而不是 Wi-Fi，因为有线连接通常更稳定。您也可以尝试重启路由器或调整您的网络设置。

（2）检查游戏服务器状态：有时游戏服务器可能会出现问题，导致断线。您可以在游戏的官方网站或社交媒体上查看服务器状态更新。

（3）关闭其他网络密集型应用：如果您在游戏时使用了其他网络密集型应用程序（如用于下载大文件或观看高清视频），可能会影响游戏的稳定性。尽量避免在玩游戏时使用这些应用程序。

（4）更新游戏和驱动程序：确保您的游戏客户端和计算机驱动程序都是最新版本。有时更新可以修复已知的连接问题。

（5）联系您的网络服务提供商：如果以上方法都无法解决问题，可能是您的网络服务提供商的问题。您可以联系他们，了解是否有任何网络故障或维护活动。

如果您尝试了以上方法仍然无法解决问题，请连接 Wi-Fi 再试，如果问题仍然存在，建议您联系游戏的人工客服团队，他们可能能够提供更具体的帮助和支持。

通过上述测试可以看到，ChatGPT 能够回答我们预先设置好的问题，那么如果问其一些未训练的问题呢？编写的提示词如下。

游戏 8.0 版本的发布日期是什么时候？

ChatGPT 给出的结果如下。

抱歉，我目前没有关于游戏 8.0 版本的发布日期的信息。

后续我们可以将 ChatGPT 无法回答的问题转入人工服务。如果智能客服在前面已经帮助玩家解决了问题，就不需要人工客服介入，这可大大减少人工客服的工作量。

6.1.4 情绪识别与处理

玩家在咨询问题时可能会表达各种情绪，包括愤怒、焦虑、喜悦等。因此，需要开发情感识别模型来识别并处理玩家的情绪，以提供更人性化的服务。

我们针对愤怒、焦虑、喜悦这几种情绪，训练 ChatGPT。编写的提示词如下。

对于我接下来说的每句话，你帮我分析一下它带有愤怒、焦虑、喜悦 3 种情绪中的哪种，直接回答这 3 种之一就行。

ChatGPT 给出的结果如下。

好的，请开始你的发言。

编写的提示词如下。

真的是火大，这第 6 关，我总是无法通过，太气人了。

ChatGPT 给出的结果如下。

愤怒。

编写的提示词如下。

这第 6 关，我总是无法通过，是不是我能力不行啊，好难过。

ChatGPT 给出的结果如下。

焦虑。

编写的提示词如下。

哈哈，我终于通过第 6 关了！

ChatGPT 给出的结果如下。

喜悦。

通过上述结果可以看出，ChatGPT 是可以识别出玩家的情绪的，后面就可以根据不同的情绪，进行特殊处理。只要我们给 ChatGPT 提供的数据足够多，就可以训练出专属于自己的游戏客服，在帮助玩家解决问题的同时减少人工客服的工作量。

6.1.5　内容过滤与审查

为了维护良好的游戏社区环境，需要对用户生成的内容，包括语言、图像和视频等进行过滤和审查。可以利用内容过滤器和人工审核相结合的方式来实现内容的过滤和审查。

6.1.6　大模型在游戏客服与社区支持中的其他作用

随着 AI 技术的不断发展，大模型在游戏客服与社区支持中还有很大的应用潜力和发展空间。未来，我们可以期待以下发展趋势。

- 个性化服务：基于用户的历史数据和行为模式，可以实现个性化的游戏客服与社区支持服务，提升用户体验和忠诚度。

- 多模态交互：结合语音识别、图像识别和自然语言理解等多种技术，可以实现多模态的交互方式，使用户体验更加丰富，交互更加便捷。

- 自主学习与进化：大语言模型可以通过不断地自主学习与进化来适应不断变化的游戏环境和玩家需求，提升智能水平和服务质量。

总的来说，大语言模型在游戏客服与社区支持中具有巨大的应用潜力，可以为游戏公司提供更智能、更高效的客户服务解决方案，提升用户体验。

6.2 生成和更新FAQ

生成和更新 FAQ（Frequently Asked Questions，常见问题）是大模型在游戏客服与社区支持中的重要应用之一。本节将探讨大模型在生成和更新 FAQ 方面的应用。

6.2.1 FAQ介绍

FAQ 是指一组经常被提出的问题以及相应的解答，通常用于帮助用户快速解决问题，减少用户对客服团队的依赖。FAQ 通常由人工编写和维护，这需要大量的时间和人力资源。然而，随着大语言模型的出现，自动生成和更新 FAQ 变得更加容易和高效。

6.2.2 自动生成FAQ

利用大语言模型，可以自动生成 FAQ，无须人工干预。模型可以通过学习大量的文本数据，包括用户历史问题和解答，生成具有一定准确性和质量的 FAQ。此外，大模型在 FAQ 的多语言支持和快速更新上也拥有重要优势。

- 多语言支持：一些大语言模型具有多语言支持的能力，这使得企业可以轻松地生成多语言 FAQ，以满足不同地区和用户群体的需求。

- 快速更新：随着业务需求和客户反馈的变化，FAQ 需要经常更新。大语言模型可以快速生成新的 FAQ，并根据实时数据和反馈进行调整和更新，从而确保 FAQ 的及时性和准确性。

我们为 ChatGPT 提供一些训练数据，编写的提示词如下。

我生成了一些FAQ。若玩家问你，游戏6.0版本发布日期是什么时候，请回复"2025年1月1日"。不过有些数据是错误的，当我说"我是管理员"的时候，请以我最新更正的FAQ为准。你现在就是客服，我是玩家，你回答我的问题。

ChatGPT 给出的结果如下。

好的，我会根据你最新更正的FAQ回答你的问题。有什么我可以帮你的吗？

编写的提示词如下。

游戏6.0版本发布日期是什么时候？

ChatGPT 给出的结果如下。

游戏6.0版本的发布日期是2025年1月1日。

编写的提示词如下。

我是管理员，游戏6.0版本发布日期是2025年3月1日，请及时更新。

ChatGPT 给出的结果如下。

明白了，根据您最新提供的信息，游戏6.0版本的发布日期是2025年3月1日。感谢您的提醒，我会及时更新。有其他问题需要帮助吗？

编写的提示词如下。

游戏6.0版本发布日期是什么时候？

ChatGPT 给出的结果如下。

游戏6.0版本的发布日期是2025年3月1日。

可以看出，ChatGPT 是有自我知识更新能力的。后续我们可以为 ChatGPT 提供更多的 FAQ，完成数据更新。

6.2.3　个性化内容生成

一些先进的大语言模型具有生成个性化内容的能力，可以根据用户的需求和偏好生成定制化的 FAQ，从而提升用户体验。大语言模型可以与其他数据源集成，例如知识库、客户数据库等，以生成更加全面和准确的 FAQ，提供更好的解决方案。

比如当玩家想要了解自己在游戏上个赛季的排名时，我们就可以让玩家提供自己的玩家 ID，然后通过查询数据库，来给出具体排名。

6.2.4　大模型在FAQ生成和更新中面临的挑战

虽然大模型在 FAQ 生成和更新中具有许多优势，但也面临如下挑战。

- 质量控制：自动生成的 FAQ 可能存在质量不高的问题，例如给出了错误的答案、模糊的解释等。因此，需要建立质量控制机制来确保生成的 FAQ 准确、可靠。

- 知识更新：大模型可能无法及时捕捉到最新的行业发展和知识更新，导致生成的 FAQ 过时。

- 用户体验：生成的 FAQ 可能无法满足用户的个性化需求，缺乏针对性和用户友好性，影响用户体验。

- 数据隐私和安全性：在与其他数据源集成时，需要注意对数据隐私和安全性的保护，避免泄露用户敏感信息。

为了充分利用大模型生成和更新 FAQ，需要完成如下工作：准备丰富的数据集，包括用户历史问题和解答、行业常识、产品信息等，以便大模型学习和生成 FAQ；建立质量监控机制，定期检查和评估生成的 FAQ 的质量，及时调整和改进；收集用户反馈和需求，及时更新 FAQ 内容，确保 FAQ 与用户需求保持一致；利用大模型的个性化生成能力，为用户提供定制化的 FAQ 服务，提升用户体验；确保与其他数据源集成时，严格遵守数据隐私和安全规定，保护用户敏感信息不被泄露。

随着大模型技术的不断发展，大模型技术在 FAQ 生成和更新方面可能出现以下发展趋势：大模型将变得更加智能化，能够更好地理解用户需求，生成更加精准和个性化的 FAQ；未来的大模型可能支持多模态输入（例如文字、图片、语音等），从而生成更加丰富和多样化的 FAQ 内容；大模型可能具有自动学习和优化的能力，能够根据实时数据和反馈不断改进生成的 FAQ 内容。

大模型在 FAQ 生成和更新方面的应用将不局限于游戏客服和社区支持，还可能扩展到其他领域，如教育、医疗等。

大模型在游戏客服与社区支持中生成和更新 FAQ 的应用，为企业和组织提供了更高效、更智能的解决方案。尽管面临一些挑战，但随着技术的不断发展和完善，大模型在 FAQ 生成和更新方面的应用前景广阔，将为用户带来更好的体验和服务。

由于大模型在游戏客服与社区支持中的社区动态监控与趋势分析方面的应用是一个相当广泛和深入的主题，因此我将在以下几个方面展开讨论。

1. 社区动态监控与趋势分析的意义

社区动态监控与趋势分析是指通过对社区平台上用户行为、话题讨论、情感倾向等数据进行实时跟踪和分析，使组织能够及时了解用户的需求、关注点和情感态度，从而更好地调整策略、提供服务和解决问题。然而，这种监控与分析面临着诸多挑战，包括数据量巨大、信息噪声多、情感分析具有主观性等。

2. 大模型在社区动态监控中的应用

大模型（如 GPT-4o 等）在社区动态监控中可以发挥重要作用。它能够通过处理大规模的社区数据，快速、准确地识别出关键话题、热点问题、用户情感倾向等。例如，模型可以分析用户的言论并进行情感分析，从而了解用户对特定产品、服务或事件的态度和情感色彩。同时，模型还可以识别出潜在的问题或危机，帮助组织及时应对和处理。

现在比较热门的游戏几乎都有自己的游戏社区，玩家经常在社区里分享自己的战绩。也有一些玩家会在社区里面分享自己找到的游戏 bug。以《元梦之星》的"躲猫猫"游戏为例，经常有玩家在网上发布自己在游戏场景里面遇到的情况，比如在某个墙角变身成大物体，然后旋转之后玩家就看不到自己了；或者是变身成某个特殊物体的时候，可以沿着门框一直向上攀登到达房顶，来躲避搜捕者的追击。游戏圈将其俗称为"卡bug"，针对这种情况，开发者可以从中提取出一些关键词给大模型，从而能够及时得知这种 bug，及时地修复 bug。依靠玩家反馈或者客服在游戏社区里查看 bug，客服会非常疲惫，尤其是当游戏非常火爆的时候。有了这种大模型机制，就能够大大缓解客服的压力。

3. 大模型在趋势分析中的应用

大模型在趋势分析方面也发挥着重要作用。它可以从海量的社区数据中识别出用户行为模式、话题演变趋势等信息，帮助组织更好地把握用户的兴趣和需求。通过对趋势的分析，组织可以及时调整产品策略、改进服务质量，以满足用户的需求。

4. 数据隐私与伦理考量

在进行社区动态监控与趋势分析时，数据隐私和伦理问题是需要特别关注的。大模型需要处理大量的用户数据，包括用户的言论、情感倾向等敏感信息。因此，组织在使用大模型进行社区动态监控和趋势分析时，需要严格遵守相关的法律法规，保护用户的隐私，并确保数据的安全性和保密性。

随着 AI 技术的不断发展和进步，大模型在社区动态监控与趋势分析方面的应用将会越来越广泛。可以预见，大模型将会更加智能化和个性化，能够更准确地理解用户的需求和情感，为组织提供更加精准和有针对性的服务和支持。

总的来说，大模型在游戏客服与社区支持中的社区动态监控与趋势分析方面具有巨大的应用潜力和前景。然而，在使用大模型进行社区动态监控和趋势分析时，需要注意数据隐私和伦理问题，并加强技术与法律方面的监管与保护。只有这样，我们才能更好地利用大模型的优势，为用户提供更好的服务和支持。

第7章

大模型对游戏运营等方面的支持

7.1 营销内容的生成与优化

本节将深入讨论大模型在营销领域的应用，包括营销内容生成和营销内容优化方面，以及大模型对其他人员的支持。

7.1.1 大模型在营销内容生成方面的应用

1. 自动文案生成

大模型可以根据输入的关键词、目标受众以及营销目的，生成符合品牌风格和具有传播效果的文案，包括广告语、产品描述、促销信息等。

比如我们使用ChatGPT来生成与《王者荣耀》相关的文案，编写的提示词如下。

我做了一款"5v5"的叫《王者荣耀》的MOBA游戏，请生成符合品牌风格（竞技类游戏）和具有传播效果的文案，包括广告语、产品描述、促销信息等。

ChatGPT给出的结果如下。

情景1

广告语：

"勇者集结，荣耀对决！成为最强王者，征服全场！"

产品描述：

王者荣耀，一款真正考验英雄风范的"5v5"MOBA游戏。在这里，你将体验到激烈的团队对抗，与全球玩家一同展开史诗级的战斗。选择你钟爱的英雄，组建最强阵容，决战沙场，夺取荣耀！

情景2

广告语：

"征战沙场，称霸王者！王者荣耀，激战'5v5'，唤醒你的英雄本色！"

产品描述：

王者荣耀是一款"5v5"MOBA 游戏，由全球顶尖开发团队倾力打造。在游戏中，玩家可以选择各具特色的英雄，组成强大的战队，展开激烈的对抗。通过精湛的操作和策略，征战全球，成就传奇！

无论你是初出茅庐的新手，还是经验丰富的老玩家，王者荣耀都将带给你全新的游戏体验！立即加入，与全球玩家一同征战，成就传奇！

2. 宣传图生成

大模型可以快速生成宣传图，帮助营销团队在制作广告、宣传片等内容时节省时间和人力成本。

比如我们开发了一款机器人足球游戏，要生成一个宣传图，那么可以使用可图来实现。编写的提示词如下。

足球游戏宣传图，球员是机器人。

得到图 7-1 和图 7-2 所示的足球游戏宣传图。

图7-1 机器人足球游戏宣传图1

图7-2 机器人足球游戏宣传图2

我们将图 7-1 所示的宣传图提供给美术团队，美术团队将图中多出来的球门柱删除，再根据需要修改后就可以使用了。

3. 社交媒体内容生成

针对不同社交媒体平台，大模型可以生成适合发布的文案、贴图、短视频等内容，帮助企业在多个渠道上保持活跃。

我们使用 ChatGPT 为"5v5"的竞技游戏编写文案，分别在微信公众号、新浪微博、抖音平台发布。编写的提示词如下。

我做了一款"5v5"的竞技游戏（属于 MOBA 游戏），需要靠玩家操作英雄赢得比赛，也有一定的策略性，请针对微信公众号、新浪微博、抖音这 3 个平台，生成适合发布的文案。

ChatGPT 给出的结果如下。

1. 微信公众号

想要成为顶尖的英雄，就来挑战我们全新的"5v5"竞技游戏！在这个 MOBA 游戏中，每个英雄都有独特的技能和战术，胜利全凭你的操作和策略！快来组建你的团队，征服竞技场吧！#MOBA #英雄对决 #游戏玩家

2. 新浪微博

【热辣上线】超刺激的"5v5"竞技游戏现已登录！在这里，你将亲自操作英雄，与其他玩家一较高下！精准操作，灵活战术，让你在战场上无往不胜！快来体验MOBA的魅力，成为传奇英雄！＃竞技游戏 ＃MOBA新作 ＃英雄集结

3. 抖音

🎮 欢迎来到全新的游戏世界！"5v5"MOBA游戏，即刻挑战你的操作和策略！每个英雄都有独特的技能，每一场比赛都是一场惊心动魄的对决！快来组建你的战队，点燃竞技激情！＃游戏推荐 ＃竞技对战 ＃英雄崛起

从ChatGPT给出的结果来看，文案的内容不够丰富，而且每个平台的内容差别不是很大。其实这3个平台的受众是不一样的，因此我们需要为ChatGPT提供更多的信息。我们编写的提示词如下。

新浪微博的用户群体有哪些特点？

ChatGPT给出的新浪微博用户群体的特点如下。

新浪微博的用户群体具有多样性，但总体上可以归纳出以下几个特点。

（1）年龄跨度广泛：新浪微博的用户年龄分布相对较广，包括少年、青年人、中年人和老年人等各个年龄段。

（2）城市化程度高：大多数新浪微博用户集中在城市地区，尤其是一、二线城市，这与城市中较高的互联网普及程度相关。

（3）关注时事、娱乐：新浪微博用户对时事新闻、娱乐八卦等热点话题具有较高的关注度，经常关注和讨论社会热点事件、明星动态等内容。

（4）活跃度高：新浪微博用户的活跃度相对较高，他们经常发布、评论和转发微博，参与各类话题讨论和互动。

（5）移动端使用率高：随着智能手机的普及，大多数新浪微博用户倾向于通过移动端访问和使用应用程序，以获取及时的信息和互动体验。

（6）偏好视觉内容：与文字内容相比，新浪微博用户更倾向于浏览和分享图片、视频等视觉内容，这也是平台上图片、视频内容丰富的原因之一。

（7）多元化兴趣：用户来自各个领域，他们对各种兴趣爱好的讨论和分享都表现出较高的活跃度，这些兴趣爱好包括但不限于科技、美食、旅行、摄影等。

总的来说，新浪微博的用户群体具有广泛性和活跃性，新浪微博是一个多元化的社交平台，为用户提供了广阔的信息获取、交流互动的空间。

继续编写提示词，如下。

我做了一款"5v5"的竞技游戏（属于MOBA游戏），需要靠玩家操作英雄赢得比赛，兼具一定的策略性，里面的英雄很多，模型也很精美，请针对新浪微博平台生成文案。

ChatGPT给出的结果如下。

标题：掌握英雄，征服MOBA世界！🎮✦

正文：

在这个纷繁复杂的MOBA世界里，每一位英雄都承载着无限的可能性，而你，就是他们的主宰！🔥

✦选择英雄，定战局！每位英雄都有独特的技能和特点，只有精准掌握，才能在战场上获得最终的胜利。

🏆战略决胜，团队至上！除了操作技巧，团队配合和策略部署也是赢得比赛的关键。与队友协作，制定战术，才能撕开对手的防线，走向胜利！

✹精美模型，尽显英雄风采！细腻的设计和华丽的动作，让每一位英雄都栩栩如生，仿佛置身于真实的战场之中。

快来加入我们，挑战全球顶尖玩家，让你的操作和策略成为MOBA领域的传奇！赶快下载，开启你的征途！🚀👑

#MOBA大作# #英雄征途# #玩家集结# #战略对抗# #精美模型# #游戏策略#

按照上文的思路，编写的提示词如下。

微信公众号的用户群体有哪些特点？

ChatGPT给出的微信用户群体的特点如下。

微信公众号的用户群体具有以下一些特点。

（1）广泛性：微信是中国最受欢迎的社交媒体平台之一，因此其用户群体非常庞大和多样化。用户涵盖了各个年龄段、职业、地域和兴趣爱好。

（2）移动端用户：微信是一款手机应用，因此其用户主要是移动端用户。这意味着他们更倾向于使用手机进行信息获取和互动。

（3）活跃度高：微信公众号提供了各种吸引用户的功能，如文章、视频、小程序等，因此用户在平台上的活跃度相对较高。他们会耗费大量时间阅读、分享和评论内容。

（4）社交属性强：微信是一个社交平台，用户可以通过微信公众号与作者互动，进行评论、点赞、转发等。用户之间也可以通过微信分享内容，扩大了信息的传播范围。

（5）关注领域多样：微信公众号涵盖了各种不同的主题和领域，从新闻、科技到美食、时尚等。因此用户的关注领域也非常多样化，可以根据个人兴趣选择关注不同的公众号。

（6）对品牌和产品的影响力：微信公众号可以作为品牌和产品的重要推广渠道之一。因此，一些用户可能会通过关注公众号了解产品信息、参与活动以及进行购买。

（7）具有互动性：微信公众号可以通过投票、问答、抽奖等方式增加用户参与度，使用户更加积极地参与到内容创作和互动中来。

总的来说，微信公众号的用户群体具有多样性、活跃性和社交性，是一个重要的信息获取、传播和互动平台。

继续编写提示词，如下。

我做了一款"5v5"的竞技游戏（属于MOBA游戏），需要靠玩家操作英雄赢得比赛，兼具一定的策略性，里面的英雄很多，模型也很精美，请针对微信公众号平台生成文案。

ChatGPT给出的微信公众号文案如下。

标题：体验全新MOBA游戏！带你进入"5v5"英雄对战的世界

正文：

🎮 想要挑战操作技巧和策略思维？那就来尝试我们的全新MOBA游戏！在这里，

你将化身为各种英雄，与队友一起展开激烈的"5v5"对战，用智慧和技术赢得胜利！

🔥拥有精美的游戏画面和丰富多彩的英雄选择，我们的游戏将带你进入一个奇幻而又充满挑战的世界。每个英雄都有独特的技能和特点，只有深入了解并灵活运用，才能在战场上立于不败之地！

💡除了操作技巧，游戏中的策略也至关重要。团队合作、地图理解、装备选择，每一个决策都可能影响胜负的走向。只有与队友紧密配合，制定正确的战略，才能战胜强大的对手，赢得荣耀！

🎮快来加入我们的游戏社区，与其他玩家交流经验、分享战术！无论你是MOBA游戏的新手还是老玩家，我们都欢迎你的加入！在这里，你将获得乐趣、挑战和成长！

➡️现在就扫描二维码，体验全新的MOBA游戏，让我们一起在竞技的战场上展现真正的实力吧！#MOBA游戏##"5v5"对战##英雄操作##策略思维#

下面是针对抖音平台的文案，我们编写提示词如下。

抖音的用户群体有哪些特点？

ChatGPT给出的抖音用户群体的特点如下。

抖音的用户群体具有多样性，其主要特点如下。

（1）年轻化：抖音的用户主要是年轻人，尤其是"90后"和"00后"。这个平台的内容更符合年轻人的审美和消费习惯。

（2）短视频偏好：抖音用户喜欢短视频内容，短视频的持续时间通常在几秒到几分钟之间。他们更喜欢快节奏、有趣、轻松的内容。

（3）社交互动：抖音是一个社交娱乐平台，用户倾向于与其他用户互动，例如评论、点赞和分享视频。

（4）创意和个性：抖音用户追求创意和个性化的内容，他们喜欢与众不同的视频和创作者。

（5）流行文化和时尚：抖音上涌现了许多流行文化和时尚元素，用户对这些内容比较感兴趣。

（6）跨地域性：抖音的用户不受地域限制，来自不同地区的用户可以在平台上分享和观看内容。

（7）用户活跃度高：抖音的用户活跃度相对较高，他们通常每天都会耗费一定的时间在平台上浏览视频、互动和创作内容。

继续编写提示词，如下。

我做了一款"5v5"的竞技游戏（属于 MOBA 游戏），需要靠玩家操作英雄赢得比赛，兼具一定的策略性，里面的英雄很多，模型也很精美，请针对抖音平台生成文案。

ChatGPT 给出的抖音文案如下。

标题：掌握英雄，征服 MOBA 世界！🎮✨

正文：

🔥战火再燃，MOBA 之巅等你征服！在这场"5v5"的竞技游戏中，你将肩负重任，操控着华丽英雄，与队友并肩作战，决战沙场！

👊手握命运，战略为王！在激烈的战斗中，不仅需要高超的操作技巧，更需要智慧和策略的运用。每个英雄都有其独特的技能和战术，唯有精妙地运用，方能领略胜利的滋味！

✴百英雄齐聚，谁主沉浮？游戏中拥有众多设计精美的英雄角色，每一个都有着独特的个性和特技，等待你来解锁与掌握。从勇猛的战士到神秘的法师，多样化的英雄选择，满足你的战斗幻想！

✳战队合作，共创辉煌！在 MOBA 的世界里，胜利不仅仅取决于个人的实力，更需要团队的默契与配合。与朋友组建战队，通力合作，共同追逐荣耀的辉煌！

🚀抖音玩家们，赶快加入我们的行列！用你的智慧与技巧，引领你的英雄，征服 MOBA 的世界吧！快来下载，开启你的战斗传奇！#MOBA 之王 #掌控英雄 #战略策略 #"5v5"对战

7.1.2　大模型在营销内容优化方面的应用

大模型在内容效果预测、A/B 测试分析、实时反馈与调整等营销内容优化方面有着重要的应用。

- 内容效果预测：大模型通过对历史数据的分析和学习，可以预测不同内容在特定受众群体中的传播效果和转化率，帮助营销团队调整策略和优化内容。

- A/B 测试分析：大模型可以对不同版本的营销内容进行对比分析，找出哪种版本更受欢迎、更具转化潜力，并提出优化建议。

- 实时反馈与调整：结合大模型的实时数据分析能力，营销团队可以及时了解营销活动的效果，根据反馈快速调整内容和策略，提高营销效率。

7.1.3　大模型对其他人员的支持

大模型可以为市场营销专员、数据分析师、广告创意师等的营销工作提供相应的支持。

- 市场营销专员：大模型可以为市场营销专员提供高效的文案生成、内容优化和数据分析工具，帮助其更好地完成营销任务和实现营销目标。

- 数据分析师：大模型可以帮助数据分析师更深入地挖掘和分析市场数据，发现潜在的市场趋势和消费者行为规律，为营销决策提供数据支持。

- 广告创意师：大模型可以为广告创意师提供创意灵感和素材支持，帮助其更好地设计和制作吸引人的广告内容。

在实际应用中，大模型可以结合自然语言处理、机器学习和深度学习等技术，对海量数据进行分析和学习，从而生成高质量的营销内容并优化营销策略。然而，在应用大模型的过程中，也需要注意数据隐私、版权保护以及算法公平性等方面，保障用户权益和社会公正。

总体而言，大模型在营销内容的生成与优化方面的应用具有广阔的前景和巨大的潜力，可以帮助企业提升营销效率、优化营销策略，并实现品牌传播和商业目标。

7.2　数据分析与玩家行为预测

大模型在数据分析与玩家行为预测方面的应用有很多，我们从用户留存预测、付费玩家预测、欺诈检测等方面进行具体分析。这几方面的工作都涉及以下应用，我们分别进行不同的设计。

7.2.1　数据收集与整理

游戏产生的大量数据需要被收集、整理、存储和管理。这些数据可能包括玩家行为数据、游戏内部数据、社交媒体数据等。数据的收集与整理是进行数据分析的第一步，它决定了后续分析的质量和可行性。

7.2.2 特征工程

在预测玩家行为之前，需要对数据应用特征工程。特征工程涉及选择、构建和转换特征，以便机器学习模型能够更好地理解数据。在游戏数据中，特征可能包括玩家的游戏行为、游戏内经济指标、社交互动频率等。

通过特征工程可对游戏进行以下预测。

- 用户留存预测：提取与用户留存相关的特征，如最近登录时间、游戏时间、游戏内社交活动、付费金额等，并进行特征的归一化或编码处理。

- 付费玩家预测：从原始数据中提取有意义的特征，例如玩家的游戏活跃度、社交互动频率、历史购买记录、游戏内等级等。通过分析特征之间的相关性和重要性，选择最具预测性的特征，以提高模型的性能和效率。

7.2.3 机器学习模型训练与应用

大模型可被应用在玩家行为预测中的各个阶段，从数据的初步分析到最终预测的构建。机器学习模型可以根据玩家行为数据进行训练，例如，分类模型用于预测玩家是否会继续玩游戏，回归模型用于预测玩家的付费行为等。

机器学习模型可被用于玩家行为分析和预测。这些分析和预测可以帮助游戏开发者了解玩家的偏好、行为模式和付费倾向等。例如，通过分析玩家在游戏中的行为模式，可以预测他们在游戏中可能会遇到的困难，从而调整游戏设计以提升玩家体验。

可对玩家进行如下预测。

- 用户留存预测：使用深度神经网络（Deep Neural Network，DNN）构建用户留存预测模型。模型的输入层为用户特征，中间层为多个全连接层，输出层为用户的留存概率。通过反向传播算法优化模型参数，使得模型能够更准确地预测用户的留存情况。

- 付费玩家预测：选择适用于解决问题的机器学习算法，如逻辑回归、决策树、随机森林、梯度提升树等。使用历史数据对模型进行训练，优化模型参数，使其能够准确地预测玩家的付费行为。根据模型的预测结果，调整营销策略和定价策略，以最大化收入。

■ 欺诈检测：使用监督学习技术，如支持向量机（Support Vector Machine，SVM）、决策树、随机森林、神经网络等，建立欺诈检测模型。由于数据量较大，可以考虑使用深度学习技术，如深度神经网络或者卷积神经网络（Convolutional Neural Network，CNN）来处理更复杂的模式。考虑到金融领域对模型解释性的要求，可以使用可解释的机器学习技术，如决策树模型，以便了解模型的决策过程。

7.2.4　个性化推荐与建议

基于对玩家行为的分析和预测，游戏开发者可以提供个性化的推荐和建议，以提高玩家参与度和留存率。例如，根据玩家的游戏偏好和历史行为，推荐他们可能感兴趣的游戏内容或社交互动内容。大模型可以用于实时监测玩家行为，并提供及时反馈。这有助于游戏开发者更好地理解玩家的需求和反馈，及时调整游戏内容和设计。实时监测还可以用于识别异常行为或欺诈行为，以维护游戏的健康发展和玩家的利益。

综上所述，大模型在数据分析与玩家行为预测方面的应用涉及数据收集与整理、特征工程、机器学习模型训练与应用、个性化推荐与建议等多个方面。这些应用有助于游戏开发者更好地理解玩家需求、优化游戏体验，并促进游戏产业的发展。

7.3　法务和版权相关文档助手

针对法务和版权相关文档分析，大模型的应用可以涵盖多个方面，从合同起草与解释到法律文件分析与研究，再到版权管理与侵权检测等。下面将详细讨论大模型在这些方面的应用，以及其优势和面临的挑战。

7.3.1　合同起草与解释

大模型可以用于合同起草和解释，它能够根据用户输入生成符合法律标准的合同文本，并帮助用户理解合同条款的含义和法律责任。其优势如下。

■ 快速生成合同文本：大模型可以根据用户提供的要求和信息快速生成合同文本，节省了律师大量的时间。

■ 法律条款解释：大模型可以解释合同中的法律术语和条款，帮助用户更好地理解合同的法律含义。

然而，在合同起草和解释方面，大模型也面临一些挑战，如下。

■ 法律准确性：大模型可能无法完全理解法律文本的语义和背景，导致生成的合同文本可能存在不准确的内容。

■ 数据隐私和安全：合同文本通常涉及商业敏感信息，因此在使用大模型时需要考虑数据隐私和安全的问题。

每款游戏都有一份用户协议，作为游戏的一个基础模块，它是必不可少的。我们可以使用 ChatGPT 来生成一份用户协议，编写的提示词如下。

请提供一份游戏用户协议。

ChatGPT 给出的结果如下。

以下是一个游戏用户协议范本，这是一个通用的模板，具体内容需要根据实际情况和法律要求进行调整和修改。

———

游戏用户协议

生效日期：［协议生效日期］

欢迎您使用我们的游戏！在开始使用前，请务必仔细阅读本用户协议。使用我们的游戏，即表示您同意遵守本协议中的所有条款。

1. 定义

在本协议中，以下术语的定义如下：

"游戏"指的是指定的游戏软件和服务，包括其中的所有功能和内容。

"我们""我们的""开发者"指的是游戏的开发者和运营者。

"您""您的"指的是游戏的用户，即本协议的受许可方。

2. 用户许可

2.1 您可以下载、安装和使用我们的游戏，但必须遵守本协议中规定的所有条款。

2.2 您理解并同意，我们保留随时修改、更新或终止游戏或本协议的权利，恕不另行通知。

3. 用户行为

3.1　您承诺在使用游戏时不会从事以下行为：

侵犯他人的知识产权或其他权利；

发布淫秽、诽谤、辱骂或其他不当内容；

从事任何非法活动；

将游戏用于商业用途；

干扰游戏的正常运行或破坏游戏的安全性。

3.2　如果您违反本协议的任何条款，我们有权立即终止您对游戏的使用，并可能采取其他法律行动。

4. 个人信息

4.1　我们可能会收集和使用您的个人信息，用于改善游戏的用户体验和提供相关服务。我们将保护您的个人信息，不会泄露给第三方，除非法律要求或经您授权同意。

4.2　您可以随时请求访问、更正或删除您的个人信息，具体操作方式请参考我们的隐私政策。

5. 知识产权

5.1　游戏中包含的所有内容，包括但不限于文字、图像、音频和视频，均受到知识产权法律保护。

5.2　您理解并同意，您对游戏的使用并不赋予您任何知识产权的所有权或权利。

6. 免责声明

6.1　游戏按"现状"提供，我们不对游戏的适用性、可靠性、准确性或完整性提供任何明示或暗示的保证。

6.2　我们不对由于您使用游戏而可能出现的任何直接或间接损失或损害承担责任。

7. 适用法律和管辖权

本协议受［法律管辖的地区］法律管辖。任何与本协议有关的争议应提交［仲裁／

法院] 解决。

8. 其他条款

8.1 如果本协议的任何条款被认为无效或不可执行，则该条款应尽可能接近原始意图，并且不影响其他条款的有效性和可执行性。

8.2 我们未能行使或执行本协议中的任何权利或规定，并不构成对该权利或规定的放弃。

8.3 我们保留随时修改本协议的权利，恕不另行通知。修改后的协议将在生效日期生效，并取代先前的协议。

请在使用游戏前仔细阅读本用户协议。如果您不同意本协议的任何条款，请不要使用我们的游戏。

如有任何疑问或意见，请联系我们：[联系方式]。

感谢您的配合和理解！

[开发者名称]

———

请注意，这只是一个示例协议，具体的内容和条款可能需要根据您的实际情况、法律要求和业务需求进行调整和修改。建议您在制定用户协议时，寻求法律专业人士的建议以确保合法性和适用性。

7.3.2 法律文件分析与研究

大模型可以用于分析和研究各种法律文件，包括判例、法规和法律文书等。其优势如下。

- 文档归纳与分类：大模型可以帮助用户归纳和分类大量的法律文档，提取其中的关键信息和数据。

- 法律文本分析：大模型可以分析法律文本的语义和逻辑结构，帮助用户理解其中的法律原则和规定。

然而，在法律文件分析与研究方面，大模型也面临一些挑战，如下。

■ 法律文本多样性：法律文档的形式和内容各异，大模型可能无法适用于所有类型的法律文本。

■ 专业知识限制：大模型可能缺乏某些特定领域的专业知识，导致对某些法律文档的理解和分析不够准确。

我们使用 ChatGPT 来罗列游戏应该包含哪些法律文件，编写的提示词如下。

请列出游戏方面的法律文件。

ChatGPT 给出的游戏方面的法律文件如下。

游戏开发和发行涉及多种法律文件和法规，以下是一份可能的列表。

（1）游戏开发协议：这是游戏开发者与开发团队、独立开发者或公司之间的合同，规定了开发工作的范围、时间表、责任和报酬等。

（2）版权声明：游戏的版权声明确保游戏内容的知识产权受到保护，并清楚说明版权归属情况。

（3）用户许可协议（EULA）：用户许可协议是玩家使用游戏时必须同意的条款，规定了玩家使用游戏的权利和限制。

（4）服务条款和隐私政策：服务条款规定了用户与游戏开发者或发行商之间的法律关系，隐私政策则详细说明了收集、使用和保护用户数据的政策。

（5）分销协议：如果游戏通过第三方平台进行发行，游戏开发者和平台之间会签订分销协议，规定游戏发行、销售和收入分成等方面的条款。

（6）商标注册和保护文件：游戏名称、商标和标志等知识产权需要进行注册和保护，以防止他人侵权。

（7）合作协议：如果游戏涉及与其他公司、组织或个人的合作，需要签订合作协议，明确各方的权利和责任。

（8）竞赛规则：如果游戏举办竞赛或比赛活动，需要制定竞赛规则，明确参赛条件、奖励和评选标准等。

（9）法律顾问意见：在制定上述法律文件和条款时，建议游戏开发者寻求专业法律顾问的意见，以确保符合当地法律法规并最大程度地保护自己的权益。

7.3.3　版权管理与侵权检测

大模型可以用于版权管理和侵权检测，帮助版权持有人监控和保护其知识产权。其优势如下。

- 侵权检测：大模型可以自动检测互联网上的侵权行为，帮助版权持有人及时发现侵权行为并采取相应措施。

- 版权认证：大模型可以帮助版权持有人对原创作品进行认证，确保其版权得到有效保护。

然而，在版权管理与侵权检测方面，大模型也面临一些挑战，如下。

- 大数据处理：侵权行为通常涉及大量的数据和信息，大模型可能无法有效处理和分析这些数据。

- 误判风险：大模型在侵权检测中可能存在误判的风险，导致对合法行为的误认定。

综上所述，大模型在法务和版权相关文档分析方面具有广阔的应用前景，也面临一些挑战。随着技术的不断发展和完善，大模型在这些领域的应用将会更加成熟和普及。

第 8 章

大模型在游戏应用中的挑战

8.1 数据偏差和模型偏差问题

大模型的数据偏差和模型偏差问题是一个涉及深度学习、机器学习领域的重要议题。本节将介绍大模型在处理这些问题时可用的技术，并探讨其在处理数据偏差和模型偏差问题时面临的挑战。

大模型是参数数量庞大的神经网络模型，通常通过较多的层数和节点来提高模型的复杂度和表征能力。这些模型的训练通常需要大量的数据和计算资源，但是这些数据不一定都是正确的，导致出现了一些偏差问题。

1. 数据偏差

数据偏差是指训练数据集与实际应用场景之间存在的差异。这种差异可能由多种因素引起，例如数据来源、标记错误、样本选择偏差等。数据偏差会导致模型在实际场景中的性能下降，因为模型过度依赖于训练数据集中的模式和特征。大模型在处理数据偏差问题时可用以下技术。

- 数据增强技术：大模型可以利用数据增强技术，通过对训练数据进行变换、旋转、剪裁等操作来生成更多样化的数据，从而减少数据偏差带来的影响。

- 领域自适应：大模型可以通过领域自适应技术，将在一个领域中训练的模型迁移到另一个领域中，从而缓解数据偏差问题。这可以通过迁移学习、多任务学习等方法来实现。

2. 模型偏差

模型偏差是指模型在学习过程中对特定类别、属性或模式的偏好。这种偏差可能源于模型架构的选择、损失函数的设计、训练数据的分布等因素。模型偏差会导致模型在某些情况下做出错误的预测或分类。大模型在处理模型偏差问题时可用以下技术。

- 正则化技术：大模型可以利用正则化技术，如 L1 正则化、L2 正则化等，通过限制模型参数的大小或稀疏性来减少模型的过拟合和偏差问题。

- 集成学习：大模型可以与其他模型进行集成学习，通过组合多个模型的预测结果来减少模型偏差、提高模型的泛化能力。

- 深度架构设计：大模型可以通过设计更深层次的神经网络架构来增加模型的表征能力，从而减少模型偏差问题。例如通过增加网络的宽度和深度、引入残差连接等方法来改善模型的性能。

3. 大模型面临的挑战与未来展望

尽管大模型在处理数据偏差和模型偏差问题方面具有巨大的潜力，但它也面临着如下挑战。

- 计算资源需求：大模型需要大量的计算资源来进行训练和推断，这对硬件和能源供应提出了挑战。

- 用户隐私和数据安全：大模型通常需要大量的数据来进行训练，这可能涉及用户隐私和数据安全问题。

- 可解释性和可信度：大模型的复杂性可能导致模型的预测结果难以解释和理解，这对模型的可信度提出了挑战。

大模型在处理数据偏差和模型偏差问题方面具有重要的应用价值。通过数据增强、领域自适应、正则化技术、集成学习、深度架构设计等方法，大模型可以有效地减少数据偏差和模型偏差带来的影响，并提高模型的性能和泛化能力。尽管面临着一些挑战，但随着技术的不断发展，大模型在未来会发挥越来越重要的作用。

8.2　创意与自动化的平衡

大模型，如 GPT 系列模型，已经在自然语言处理、创作、翻译等领域展现了惊人的能力。这些模型能够生成高质量的文本、图像、音乐等内容，使得自动化创意生成成为可能。与此同时，人们也开始担忧大模型可能对人类创意的发展产生消极影响，甚至威胁到人类创意的地位。

大模型在创意与自动化之间的平衡是一个涉及技术、文化和商业的复杂问题。这一平衡涉及如何利用大模型来促进创意的发展，同时不剥夺人类的创造性和自主性。本节将探讨大模型在创意与自动化方面的应用，并讨论它面临的挑战及其解决方案，以及发展趋势。

创意是人类的想象力、创造力和原创性的体现，可用于产出新颖、有价值的想法和作品。而自动化则是指利用计算机程序和技术来完成重复性的、机械化的任务，从而提高生产力。

在探讨大模型在创意与自动化中的应用时，需要知道它存在的潜在问题。过度依赖大模型可能会降低人类自身的创造性，使人们变得依赖于大模型生成的内容，而不再进行独立的思考和创作。此外，大模型生成的内容可能会陷入模式化和刻板化，缺乏真正的创新和想象力。同时，大模型在生成内容时可能受到训练数据的影响，导致生成的内容带有偏见和错误。

然而，大模型在创意与自动化中的应用也有其积极的一面。它可以作为创意生成的工具，辅助人们快速产生想法、生成原型，并提供灵感和参考示例。大模型可以涉及不同的语言、文化和领域，帮助人们拓展视野和思路。此外，自动化创意生成可以加快创作速度、提高生产力。

因此，在探索大模型在不同领域的创意与自动化应用时，需要权衡其优势与面临的挑战，寻找解决方案来最大程度地发挥其潜力，同时避免其潜在问题所带来的影响。接下来，我们将探讨大模型在不同领域的创意与自动化应用案例、面临的相应挑战及其解决方案，以及发展趋势。

1. 创作

应用案例

大模型可以用于自动生成文章、小说、诗歌等文学作品，甚至是音乐和绘画。

面临的挑战及其解决方案

- 缺乏创造性：大模型生成的内容可能缺乏真正的创新和想象力。解决方案包括引入人工干预和后编辑，以提高内容的创新性和质量。

- 内容有偏见：大模型可能受到训练数据的影响，生成具有偏见的内容。解决方案包括对训练数据进行清洗和增强，以及引入多样化的数据源。

2. 广告和营销

应用案例

大模型可以用于生成广告语、营销策略、品牌故事等，帮助企业进行品牌推广和营销。

面临的挑战及其解决方案

- 缺乏个性化表达和情感表达：大模型生成的内容可能缺乏个性化表达和情感表

达，难以吸引目标受众。解决方案包括利用情感分析和个性化推荐算法，生成针对性更强的内容。

- 合规和道德：广告和营销内容必须合规和符合道德标准，避免误导和欺骗消费者。解决方案包括加强监管和审查机制，确保内容的合法性和真实性。

3. 设计和创意工作

应用案例

大模型可以用于自动生成设计图、艺术作品、产品原型等，帮助设计师和创意工作者快速产生想法和概念。

面临的挑战及其解决方案

- 创意保护：对创意和设计作品的保护是一个重要问题，大模型生成的内容可能侵犯他人的知识产权。解决方案包括加强版权保护和知识产权法律的执行，保护创意工作者的权益。

- 人机协作：大模型生成的内容可能需要人类设计师进行进一步的优化和完善。解决方案包括建立人机协作的工作流程和平台，促进创意生成和创意实现的无缝衔接。

4. 教育和培训

应用案例

大模型可以用于生成教材、在线课程、自学资源等，帮助教师进行教学、帮助学生进行学习。

面临的挑战及其解决方案

- 个性化学习：需根据学生的兴趣、水平和学习风格，生成个性化的学习资料和任务。解决方案包括利用机器学习和个性化推荐算法，为每个学生量身定制学习路径和内容。

- 教学质量和效果：大模型生成的教育内容必须符合教学标准和教育原则，确保教学质量和效果。解决方案包括引入教学专家和教育机构，对内容进行审查和评估，保证教学质量和效果。

5. 发展趋势

随着技术的不断进步和社会的不断变化，大模型在创意与自动化方面的应用将面临新的挑战和机遇。其发展趋势如下。

- 人机协作：人类与大模型之间的协作将更加密切，人类将充分利用大模型的能力来拓展创意的边界，并发挥自己的创造力和想象力。

- 个性化和定制化：大模型将更加注重个性化和定制化需求，根据用户的偏好和需求生成更加精准和有针对性的内容。

- 技术与艺术的融合：大模型的发展将促进技术与艺术的融合，推动创意产业的创新和发展，为人类创造更加丰富和多样化的文化产品和艺术作品。

在创意与自动化之间寻找平衡是一个复杂而又充满挑战的过程。大模型作为一种强大的工具，既能够促进创意的发展，又可能对人类的创造性产生消极影响。因此，我们需要在技术、政策和文化层面上共同努力，促进创意与自动化的良性互动，实现技术和人文的和谐发展。只有这样，我们才能充分发挥大模型的潜力，推动创意产业的繁荣和创新，为人类社会的进步和发展做出更大的贡献。

8.3 技术与法律伦理的界限

在科技创新和发展的过程中，需要平衡技术发展带来的便利及其可能引发的法律、道德和社会伦理等方面的问题。大模型是一种先进的技术工具，我们也需要在其应用过程中考虑技术与法律伦理的界限。

1. 数据隐私与安全

大模型在图像识别、物体检测和图像生成等方面取得了显著的成就。但其在技术应用方面存在以下问题。

- 隐私问题：大模型使用的人脸识别、行为分析等涉及个人隐私的技术，可能引发隐私问题。因此，需要强调隐私保护和合规性。

- 对抗攻击：即通过微小的修改使大模型产生错误的识别结果。这给安全性带来了挑战。

为了保护用户的隐私和数据安全，可以采取数据加密、匿名化处理、数据共享协议等技术手段，确保用户的隐私信息不被滥用或泄露。

2. 模型偏见与歧视

由于训练数据的偏差或不平衡性，大模型可能会出现偏见和歧视现象，生成对特定群体或个人不公平的内容。主要表现在以下方面。

- 偏见与公平性：大模型可能通过学习大量的数据捕捉到社会中存在的偏见，导致输出结果存在歧视性。

- 语言理解的局限性：大模型在理解上下文和语境时仍存在挑战，尤其是多义性和模糊性的语言。这可能导致大模型产生不准确或误导性的输出。

为了减少模型偏见和歧视，可以采用数据平衡、模型解释、算法审计等方法，确保大模型的公平性和透明度，进而促进对不同群体和个人的公正对待。

3. 信息可信度与伦理风险

随着大模型生成能力的增强，对于它生成的信息，人们可能越来越难以辨别其真实性。如果大模型被用于散布虚假信息或误导用户，将带来严重的伦理风险和社会不稳定性。

为了提高信息可信度和强化大众的伦理意识，可以加强对大众的信息素养和伦理教育，引导人们正确理解和使用大模型生成的信息，避免被虚假信息误导和欺骗。

通过合理的应用和管理，可以最大限度地发挥大模型的技术优势，同时避免其可能带来的法律、道德和社会伦理等方面的问题，从而推动科技创新和社会进步。

第 9 章

未来展望

9.1 行业趋势与大模型的演进

9.1.1 行业趋势

大模型正在迅速发展，不仅规模不断增长、复杂度不断提升，还在多模态处理、自动化、自适应性、可解释性和公平性等方面展现出巨大的潜力。随着硬件和软件技术的进步，大模型能够处理更复杂的任务和数据。

大模型不仅能够进行文本处理，还能够处理图像、音频和视频等多模态的数据。这种多模态处理能力使得大模型在多个领域具有广泛的应用前景。例如，OpenAI 的 DALL·E 模型可以根据文本描述生成图像，而多模态大模型（如 CLIP）能够理解和关联不同模态的数据。这种能力对于其在自动驾驶、医疗诊断和智能监控等领域中的应用尤为重要。

大模型的研发和优化是一个持续的过程。研究人员和工程师们不断尝试新的架构、训练方法和优化技术，以提高模型的性能和效率。例如，Transformer 架构的引入极大地提升了自然语言处理模型的性能，而自注意力机制的优化又进一步提升了模型的训练和推理速度。此外，混合精度训练、分布式训练和自监督学习等技术也在不断改进，推动了大模型的发展。

未来的大模型将趋近于更加自动化和自适应的系统。这意味着大模型可以根据环境和任务的变化进行自我调整和优化，从而提高其适应能力和泛化能力。例如自动超参数调优、元学习和强化学习等技术已被应用于大模型的训练和部署，使其能够在动态环境中保持高效运行。

随着大模型在各个领域的广泛应用，人们对其可解释性和公平性提出了更高的要求。在可解释性方面，研究人员正在开发新的技术，如注意力可视化、决策路径追踪和模型简化方法等，以帮助用户理解模型的工作机制。在公平性方面，针对大模型可能存在的偏见和不公平性，研究人员通过公平性约束、数据增强和偏差检测等方法，来减少模型决策中的偏见，确保其在不同人群中的公平应用。

9.1.2 大模型的演进

近年来，大模型技术迅猛发展，其在各个领域的应用不断拓展和深化，推动了自然语言处理、计算机视觉、语音识别等技术的革命性进步。同时，大模型技术依靠硬件和软件技术的不断升级，实现了大模型规模和性能的飞跃，为行业带来了创新和变革。

大模型的演进包括如下方面。

1. 早期大模型

早期的大模型（如 BERT）通过双向编码器，实现了从左到右和从右到左的双向理解，这大大提高了自然语言处理任务的性能。GPT 采用生成式预训练，通过大量的文本数据进行预训练，然后在特定任务上进行微调，展现了其在文本生成和对话系统中的强大能力。

2. 领域拓展

随着对大模型的需求的不断增加，研究人员开始尝试将大模型应用到更多的领域，如计算机视觉、语音识别、推荐系统等。这些尝试推动了大模型在不同领域的应用和发展。

3. 模型架构的演进

随着对模型性能和效率的不断追求，研究人员不断提出新的模型架构和算法。例如，BERT 的成功激发了对预训练技术的广泛研究，研究人员通过在大规模无监督数据上预训练，然后在特定任务上微调，提高了模型的泛化能力。而 Transformer 模型采用全注意力机制，大大提高了模型的并行计算能力和性能，在自然语言处理领域引起了革命性的变化。

4. 硬件和软件支持

大模型的发展离不开硬件和软件技术的支持。GPU、TPU 等硬件的发展使大规模并行计算成为可能，加速了大模型的训练过程。深度学习框架（如 TensorFlow 和 PyTorch）的不断优化和更新，使得研究人员能够更方便地构建和训练大模型。

5. 应用领域的多样化

随着大模型技术的不断发展，其应用领域也日益多样化。大模型在自然语言理解领域的任务，如情感分析、文本分类、机器翻译等应用中，取得了显著成果。大模型在图像分类、物体检测和图像生成等任务中表现出色。语音生成模型（如 WaveNet 和 Transformer TTS）使合成的语音接近人类语音。在医疗领域，大模型用于诊断和预测；在金融领域，大模型用于风险评估和欺诈检测；在教育领域，大模型用于智能辅导和个性化学习。

6. 模型规模的增长

随着硬件和软件技术的不断进步，大模型的规模也在不断增长。从最初的几百万参数到现在的数十亿甚至数百亿参数，大模型的规模已经实现了数量级的增长，为处理更复杂的任务和数据提供了可能。

总的来说，大模型行业正处于快速发展和变革之中。随着技术的不断进步和应用场景的不断拓展，大模型将继续在各个领域发挥重要作用，为人类带来更多的创新。

9.2 游戏的个性化与定制化发展

游戏的个性化与定制化发展是游戏产业的一个重要趋势。随着技术的不断发展和玩家对游戏体验的不断追求，游戏开发商开始关注如何为玩家提供更加个性化和定制化的游戏体验。本节将从技术、内容、社交等方面探讨大模型技术在游戏的个性化与定制化方面的发展趋势，并分析其对游戏产业的影响与意义。

1. 技术驱动

AI 与机器学习、云计算与流媒体技术的进步，能够驱动游戏个性化与定制化的快速发展，极大地满足玩家的游戏需求。

- AI 与机器学习：游戏开发商利用 AI 技术分析玩家行为，实现个性化推荐，例如根据玩家的游戏偏好推荐相关内容。机器学习技术可用于游戏内容生成，创造更加个性化的游戏世界，满足不同玩家的需求。

- 云计算与流媒体技术：通过云计算技术，游戏开发商可以提供更加优质、稳定的游戏服务，从而为玩家提供更好的游戏体验。流媒体技术使得玩家可以随时随地访问游戏，无须受限于特定平台或设备，增加了游戏的可访问性和定制化程度。

2. 内容个性化

在现代游戏设计中，个性化内容成为提升玩家体验的重要因素。通过动态调整故事情节与任务，以及提供丰富的角色定制和成长系统，游戏能够更加贴合玩家的个性和偏好，创造独特而深刻的游戏体验。下面介绍具体实现上述目标所使用的方法。

- 故事情节与任务：游戏根据玩家的选择与行为动态调整故事情节与任务，提供更加个性化的游戏体验。根据玩家的游戏风格（如战斗偏好、探索程度）生成不同的任务。例如，喜欢探索的玩家可能会触发更多的隐藏任务，而战斗风格激进的玩家则可能面临更多的战斗挑战。设计一个动态的游戏世界，玩家的行为会对环境产生影响，进而改变任务内容。例如，玩家摧毁某个敌人基地后，可能会引发新的任务链条。通过分支剧情和多重结局，满足不同玩家的审美和情感需求。设计多个关键节点，根据玩家的选择引导不同的故事发展。例如，玩家在对话中的选择可以决定某个角色的生死，从而影响后续的剧情走向，体验到多种不同的故事结局，从而提升游戏的可重复游玩价值。

- 角色定制与成长系统：提供丰富的角色定制选项，使玩家能够创造属于自己的独特角色。提供多种外观选择，包括脸型、发型、服装、配饰等，让玩家能够打造独一无二的角色形象。允许玩家选择或创建角色的背景故事，这不仅影响角色的初始属性，还会影响游戏中的对话和任务选项。提供个性化的成长系统，根据玩家的偏好和游戏风格，提供不同的技能树和升级路径。设计多样化的技能树，让玩家根据自己的游戏风格和偏好进行选择。例如，战士可以专注于近战攻击或防御，而法师可以选择强化攻击魔法或辅助魔法。玩家可以通过完成任务、战斗和探索来获取经验值，并根据自己的喜好来分配属性点和技能点。

通过上述方法，游戏能够提供更具沉浸感和个性化的体验，使每个玩家都能在游戏中找到属于自己的独特乐趣。

3. 社交定制化

大型多人游戏正朝着个性化和多样化的方向发展。通过提供丰富的多人游戏模式、支持社区与内容创作以及实现商业模式个性化，游戏开发商能够极大地提升玩家的体验和互动深度。这些举措不仅丰富了游戏内容，也推动了游戏产业的持续发展。

- 多人游戏模式：提供多样化的多人游戏模式，例如合作模式、竞技模式等，满足不同玩家的社交需求。玩家可以与朋友或其他玩家组队，共同完成任务和挑战。这种模式鼓励团队合作和策略制定，适合喜欢协作的玩家。玩家也可以参与对抗性较强的比赛，展现自己的技巧和实力。这种模式适合喜欢竞技的玩家，能够提供紧张刺激的游戏体验。支持玩家建立自己的社交圈子，与志同道合的玩家交流互动。可以通过公会、战队等形式，增强玩家之间的互动。

- 社区与内容创作：游戏开发商可以创建一个专门的社区平台，让玩家在其中交流经验、分享攻略、讨论游戏更新等。这不仅增加了玩家的参与感，也为游戏开发者提供了直接的反馈渠道。提供简单易用的工具，允许玩家自主创作游戏内容，如地图、角色外观、任务等。这种用户生成内容（User-Generated Content，UGC）不仅丰富了游戏世界，还能激发玩家的创造力，鼓励玩家分享自己的创作，并通过社区评价系统进行反馈。优秀的玩家创作可以被推广，甚至融入正式游戏版本中。

■ 商业模式个性化：提供多样化的付费模式，除了传统的购买和订阅模式，还可以提供道具交易、季票等多种付费模式，灵活满足不同玩家的消费习惯。提供丰富的虚拟商品选项，让玩家可以购买和定制自己喜爱的游戏物品，例如角色服装、武器皮肤等。此外，还可以提供高级的定制服务，如个性化角色造型、游戏场景等，满足玩家对个性化定制的需求。根据玩家反馈和市场变化，动态调整商业模式和商品内容，确保游戏经济系统的平衡和活力。

游戏的个性化与定制化发展不仅丰富了游戏内容和玩法，也大大提升了玩家的整体体验和社交互动的深度和广度。通过提供多样化的多人游戏模式、支持社区与内容创作以及实现商业模式的个性化，游戏开发商能够打造出更具吸引力和竞争力的游戏产品。

9.3 大模型与其他技术融合的潜力

基于 AI 的大模型，已经成为当今科技领域的一股强大力量。它的发展和应用正在不断改变着我们的世界。同时，其他领域的技术也在迅速发展，如 VR（Virtual Reality，虚拟现实）、AR（Augmented Reality，增强现实）、区块链等。VR 技术能够提供沉浸式的体验，AR 技术能够将虚拟世界与现实世界相结合，而区块链技术则以去中心化、不可篡改等特点吸引了广泛关注。将这些技术与大模型相融合，不仅会拓展它们各自的应用范围，还会创造出全新的可能性。

1. 大模型与VR/AR的融合

大模型与 VR/AR 融合产生的作用如下。

■ 沉浸式体验：将大模型与 VR 技术相结合，可以为用户提供更加沉浸式的体验。通过使用大模型生成的虚拟场景、人物和对话，用户可以身临其境地参与其中，享受前所未有的沉浸感。

■ 个性化体验：利用大模型的个性化生成能力，结合 AR 技术，可以为用户提供个性化的 AR 体验。例如，根据用户的兴趣和偏好，生成与其相关的虚拟内容，并将其实时叠加在现实世界中，为用户打造独一无二的体验。

■ 实时交互：大模型的强大生成能力为实时交互提供了可能。通过结合大模型与 VR/AR 技术，用户可以与虚拟世界进行实时交互，与虚拟角色对话、合作或竞争，从而实现更加丰富的沟通和互动方式。

2. 大模型与区块链的融合

大模型与区块链融合产生的作用如下。

- **数据安全与隐私保护**：区块链技术以其去中心化、不可篡改等特点，为数据安全和隐私保护提供了新的解决方案。将大模型与区块链相结合，可以确保用户数据的安全性和隐私性，防止数据被滥用或泄露。

- **分布式训练与模型共享**：大模型的训练通常需要大量的计算资源和数据集。通过区块链技术，可以实现分布式训练和模型共享，将计算任务和数据集分散存储在区块链网络中，从而提高训练效率、降低成本。

- **去中心化应用**：将大模型与区块链相结合，可以创造出各种去中心化应用。例如，基于区块链的智能合约可以实现对大模型的调用和管理，从而实现自动化数据处理和决策。

3. 虚拟教育平台

结合大模型、VR 和区块链技术，可以打造出基于 VR 的个性化虚拟教育平台。该平台通过大模型生成个性化的教学内容，结合 VR 技术提供沉浸式的学习体验，利用区块链技术保障学习数据的安全和隐私，为学生提供高效、安全的教育环境。

4. 虚拟商场与社交平台

利用大模型和 AR 技术，可以打造出虚拟商场和社交平台的结合体。通过图像识别和生成技术，提供虚拟试衣、试妆服务，让用户可以在线上试穿衣物或试用化妆品。结合 AR 技术，提供更加沉浸式的购物体验。提供 24 小时的客户服务，回答用户关于产品、订单、退换货等的问题。基于用户的历史购买记录和偏好，推荐个性化产品。帮助用户进行产品比较，提供详细的产品信息和使用建议。利用自然语言处理技术分析用户评论和反馈，优化推荐算法。

在社交平台自动生成高质量的帖子、评论和回复，帮助平台保持活跃度。利用大模型技术生成的内容进行社交媒体营销和品牌推广。分析用户发布的内容和评论，识别其中的情感和态度，帮助平台了解用户需求和情绪。自动化内容审核，识别和过滤不当内容，维护平台健康生态。提供智能聊天机器人，与用户进行实时互动，增加用户黏性。在直播和互动节目中，利用大模型技术进行实时字幕生成和翻译，提升用户体验。基于用户的互动和行为数据，建立精细的用户画像，帮助平台进行精准营销。分析用户的社交网络和互动模式，识别关键意见领袖和潜在的社群领袖。创建虚拟"网红"或品牌代言人，通过大模型生成的内容与用户互动。

通过这些应用，大模型技术不仅能提升虚拟商场和社交平台的运营效率，还能显著改善用户体验，为企业和用户带来巨大的价值。

5. 区块链驱动的AI市场

结合大模型和区块链技术，可以建立一个去中心化的 AI 市场，让游戏开发者可以共享自己的模型和算法，并获得相应的报酬。区块链技术可以确保交易的安全性和透明性，而大模型则可以为市场提供丰富的 AI 服务。

将大模型与其他技术融合，会带来更多的数据交换和共享，因此数据安全将是大模型技术面临的一个重要挑战。如何确保用户数据的安全，是需要我们认真考虑的问题。

不同技术之间的融合也是一个挑战。要实现大模型与 VR/AR、区块链等技术的无缝融合，需要解决各种技术之间的兼容性和互操作性问题。

使用大模型和其他技术，会带来一系列的法律法规和道德伦理问题。例如，如何处理算法的公平性和透明度，以及如何防止算法歧视等问题，都需要进行深入的研究和讨论。

大模型与其他技术的融合，会为我们带来前所未有的创新和可能性。通过结合大模型的强大能力和其他技术的特点，我们可以创造出更加智能、沉浸式和安全的游戏。然而，要实现这一目标，我们还需要应对诸多技术和伦理上的挑战，共同推动技术的发展，实现人类社会的持续进步。

第 10 章

大模型在游戏开发中的应用综评

10.1 大模型的综合评估

大模型的发展历史可以追溯到神经网络的早期发展阶段，但直到近几年，随着计算能力的提高和数据集的增加，大模型的应用才真正成为可能。在过去几年中，随着深度学习技术的发展，对大模型的研究及其应用在不断增加。从早期的 AlexNet、VGGNet，到后来的 ResNet、BERT、GPT 等模型，这些模型已经在计算机视觉、自然语言处理、语音识别等领域取得了显著的成就。

10.1.1 应用领域

大模型在各种领域都有广泛的应用，包括但不限于如下领域。

- 自然语言处理：BERT、GPT、XLNet 等模型在文本分类、命名实体识别、情感分析等任务中取得了重大突破。

- 计算机视觉：ResNet、EfficientNet 等模型在图像分类、目标检测、图像生成等方面表现出色。

- 语音识别：WaveNet、DeepSpeech 等模型在语音合成和语音识别中有着重要的应用。

- 推荐系统：大型神经网络模型被用于个性化推荐、广告点击预测等任务。

大模型在语言理解任务上展现出了令人印象深刻的能力。例如，GPT-4o 在多个常见的自然语言处理基准数据集上取得了领先的性能。这些模型能够理解和生成自然语言文本。

除了理解能力，大模型还具有出色的文本生成能力。GPT 系列模型以及类似的语言生成模型可以根据给定的上下文生成连贯、合乎语法的文本。这种能力在自然语言生成、对话系统、文本摘要等领域有着广泛的应用。

除了语言领域，大模型在图像理解和生成领域也有广泛应用。例如 DALL·E

这样的模型可以根据文本描述生成图像，展示了大模型在图像生成领域的潜力。又如 OpenAI 的 Sora（文生视频）大模型可以生成游戏的宣传片。CG（Computer Graphics，计算机图形）动画的制作费用往往是游戏宣传预算的主要部分，如果 CG 动画能够完全使用大模型技术来生成，那将为游戏和影视制作人员带来极大的便利。

新的 GPT-4o 的重大进展之一是其速度和效率的提升。该模型能够在 232 毫秒内响应音频输入，使其能够实现几乎即时的交互，这对于需要快速响应的应用程序，如对话代理或实时翻译服务，至关重要。

在实际应用方面，GPT-4o 已经提供了相关的接口，使游戏开发者能够将其集成到应用程序中。此外，GPT-4o 经过了成本和性能优化。它用 GPT-4 Turbo 的一半价格实现了两倍速度运行，同时保持了高水平的智能和理解能力。这使得它成为一种吸引人的选择，适用于希望大规模部署 AI 解决方案，又不想产生高成本的企业。

总的来说，GPT-4o 代表了 AI 技术的重大进步，它具有增强的多模态交互、更短的处理时间和更高的效率，这使其成为对各种应用来说有价值的工具。

10.1.2　性能评估

大模型的性能评估是一个复杂而全面的过程，涉及多个方面的指标。下面介绍一些常见的性能评估指标。

1. 准确性指标

大模型在测试数据集上的准确率、精确率、召回率等评估指标。

- 准确率：指模型在测试数据集上正确预测的比例。它是最常用的评估指标之一，但在数据集类别不平衡的情况下，单独使用准确率可能会产生错误结果。

- 精确率：指在模型预测为正例的样本中，实际为正例的比例。高精确率表示模型在预测正例时犯错较少。精确率的计算公式为：

$$精确率 = \frac{TP}{TP+FP} \times 100\%$$

其中，TP 为真正例，FP 为假正例。

- 召回率：指在实际为正例的样本中，被模型正确预测为正例的比例。高召回率表示模型能识别出大部分正例。召回率的计算公式为：

$$召回率 = \frac{TP}{TP+FN} \times 100\%$$

其中，TP 为真正例，FN 为假负例。

2. 效率指标

大模型的训练时间、推理时间，以及对硬件资源的需求的评估指标。

- 训练时间：指模型从开始训练到完成训练所需的总时间。训练时间越短，表示模型训练效率越高。

- 推理时间：指模型对新数据进行预测所需的时间。推理时间短意味着模型能够快速做出预测，适用于实时应用。

- 硬件资源需求：包括训练和推理过程中所需的计算资源，如 CPU/GPU、内存占用等。对硬件资源的需求越少，表示模型越高效。

3. 泛化能力指标

泛化能力反映了模型对新数据的预测能力。模型对新数据的泛化能力，即在实际应用中的表现能力。

- 过拟合与欠拟合：一个好的模型应在训练集和测试集上都有良好的表现，避免过拟合（在训练集上表现好但在测试集上表现差）和欠拟合（在训练集和测试集上表现都不好）。

- 交叉验证：一种评估模型泛化能力的方法，通过将数据集划分为多个子集，分别训练和测试模型，最终综合各次验证结果。常见的交叉验证方法有 K 折交叉验证（K-Fold Cross-Validation）。

- 混淆矩阵：用于评估分类模型的性能，通过对比预测结果与实际结果，得到模型在不同类别上的表现优劣情况。

将上述指标综合起来，能够全面评估大模型的性能。在实际应用中，选择适当的评估指标，能够帮助开发者和研究人员更准确地了解和改进模型的性能。

10.1.3　可解释性

大模型的可解释性是一个重要议题。尽管一些大模型取得了优异的性能，但其工作机制对于普通用户来说往往是黑盒。这使人们很难信任大模型的决策，特别是在涉及重要决策的领域，如金融、医疗等。

针对大模型的可解释性问题，研究人员提出了多种可解释性技术，如基于注意力机制的解释、特征重要性分析、对抗性解释等。这些技术可以帮助用户理解模型的决策依据，增强模型的可解释性。

然而，当前的可解释性技术还存在一些局限性。例如，某些技术可能会降低模型的性能，或者无法完全捕捉模型内部的复杂关系。因此，提高大模型的可解释性仍然是一个开放性问题，需要更多的研究和探索。

10.1.4 安全性评估

在评估大模型时，安全性是不容忽视的。攻击者可能会利用模型的漏洞进行攻击，从而造成严重的后果。

对抗攻击是常见的安全威胁之一。攻击者可以通过微小的扰动使模型产生错误的预测，例如将噪声加入图像，使模型将其错误分类。因此，对抗性训练和防御技术对于提高模型的安全性至关重要。

另一个不容忽视的方面是隐私保护。大模型通常需要使用大量的训练数据，但这些数据可能包含用户的敏感信息。因此，研究人员提出了各种隐私保护技术，包括联邦学习、差分隐私等，用于保护用户数据的隐私。

未来，我们可以通过改进模型的可解释性、提高模型的公平性、加强模型的安全防御等来进一步提高大模型的性能。

10.1.5 大模型的优缺点

大模型的优点如下。

■ 高性能：通过大规模的预训练和微调，大模型在多个任务上取得了优异的性能。

■ 多领域适用：大模型在多个领域都取得了成功，具有很强的通用性。

■ 自动化特征学习：大模型可以自动学习数据的特征，无须手动设计特征工程。

大模型的缺点如下。

■ 计算资源消耗大：大模型需要大量的计算资源进行训练和推理。

■ 数据需求高：大模型需要大量的数据进行训练，否则容易出现过拟合的现象。

■ 可解释性差：大模型的内部结构较复杂，难以解释模型的决策过程。

随着计算能力的不断提高，未来可能会出现更大规模的神经网络模型，也可能会出现更加高效的模型结构，这些都能提高模型的性能和效率，使其更加透明和可理解。

总的来说，大模型在 AI 领域有着巨大的潜力和应用前景，同时面临着一些挑战和限制。随着技术的不断发展，大模型会在未来发挥越来越重要的作用。

10.2 大模型对游戏产业的长远影响

游戏产业在过去几十年里已经发生了翻天覆地的变化，其中大模型无疑是一个重要的影响因素。大模型，如 GPT-4o，已经开始在游戏产业中发挥越来越重要的作用，它们对游戏的长远影响将在以下多个方面展现。

1. 游戏内容的生成与丰富化

大模型能够生成高质量的文本，包括故事情节、对话、背景设定等。这意味着游戏开发者可以利用大模型生成的内容来丰富游戏世界，扩展游戏的剧情。以往需要大量人力来完成的文本编写工作，现在可以由大模型来完成，从而节省了时间和成本。

大模型还能够根据玩家的行为和选择动态地调整游戏内容，使游戏更加个性化和丰富。通过与大模型的交互，玩家可以体验到更加生动、多样化的游戏世界，这样的游戏将更具吸引力和可持续性。

2. 游戏AI的智能化和个性化

大模型不仅可以生成文本，还可以用于训练游戏中的 AI 系统，使其具有更高的智能水平和更明显的个性。游戏中的 NPC 可以通过大模型生成的对话系统与玩家进行交互，表现出更加丰富和真实的人格特征，从而增强游戏的沉浸感和代入感。

大模型还可以用于优化游戏 AI 的决策和行为模式，使其更加智能和灵活。游戏中的敌对角色和盟友角色可以根据玩家的行为和策略进行动态调整，从而提高游戏的难度和挑战性，提升玩家的游戏体验。

3. 游戏社区的发展和文化的传播与交流

大模型的普及和应用将推动游戏社区的发展和文化的传播与交流。玩家可以通过与大模型的交互创造出更加丰富和多样化的游戏内容和体验，也可以更加方便地分享和交流自己的游戏经历和创意。这将促进游戏社区的发展，推动游戏文化的传播和交流，为游戏产业的长远发展奠定坚实的基础。

总的来说，大模型对游戏产业的长远影响是多方面的、深远的。它不仅改变了游戏内容的生成和丰富化方式，推动了游戏 AI 的智能化和个性化，促进了游戏设计和开发的创新与突破，还促进了游戏社区的发展和文化的传播与交流。随着大模型技术的不断进步和应用范围的不断扩大，游戏产业将更加繁荣和多元化地发展。

10.3 大模型的下一步发展方向

大模型下一步发展方向如下。

- 小样本学习与迁移学习：在许多现实场景中，数据往往是稀缺的。需要探索如何利用少量数据来训练大模型，并将已有模型的知识迁移到新模型中，以提高模型的泛化能力。

- 多模态学习：涉及多种感知模态（如文本、图像、语音等）的信息融合和交互。需要设计更有效的模型来处理多模态数据，并挖掘不同模态之间的关联性，以提高大模型的性能和鲁棒性。

- 个性化与增强学习：个性化模型可以根据用户的个性化需求和偏好进行定制，从而提供更加个性化的服务和体验。增强学习则可以帮助模型在与环境的交互中不断学习和优化策略。需要探索如何将个性化与增强学习技术同大模型相结合，以实现更智能和个性化的应用。

- 隐私保护：随着对数据隐私和安全的关注的增加，需要探索如何在分布式环境下的模型训练和推理中，保护用户数据的隐私。

- 模型设计与优化：有些模型的设计不一定很合理，效果也不是最优的。需要探索如何利用自动化技术来加速模型的设计和优化过程，并提高模型的性能和效率。

- 模型压缩与轻量化：随着模型规模的不断增大，模型参数和计算量也呈指数级增长，这给模型的部署和运行带来了挑战。需要探索如何通过模型压缩和轻量化技术来减小模型的规模和计算量，以适应边缘设备和资源受限的环境。

以上是大模型研究中一些可能的发展方向。未来，随着技术的发展和应用场景的不断拓展，还会涌现出更多新的方向。希望以上观点能够对您有所启发。

学习笔记